Orass M. Shaheed

Métodos de diagnóstico precoce da sépsis neonatal

Orass M. Shaheed

Métodos de diagnóstico precoce da sépsis neonatal

ScienciaScripts

Cover image: www.ingimage.com

This book is a translation from the original published under ISBN 978-620-2-07149-9.

Publisher:
Sciencia Scripts
is a trademark of
Dodo Books Indian Ocean Ltd. and OmniScriptum S.R.L publishing group

120 High Road, East Finchley, London, N2 9ED, United Kingdom
Str. Armeneasca 28/1, office 1, Chisinau MD-2012, Republic of Moldova, Europe
Printed at: see last page
ISBN: 978-620-8-27955-4

Dedicação

Para aqueles que me apoiam
A toda a *hora*...

A minha família

CONHECIMENTOS

Louvado seja Alá por todas as Suas bênçãos durante a minha carreira académica e pela ajuda na conclusão deste trabalho. Gostaria de expressar a minha gratidão, apreço e sinceros agradecimentos aos meus supervisores, Professor Assistente Dr. Manal Mohammed Kadhim e Professor Assistente Dr. NasmaNaji Al-Hajjiah, Faculdade de Medicina, Universidade Al-Qadisiyah, pelos seus generosos esforços no planeamento e execução deste trabalho que, sem eles, não poderia ser realizado.

Dr. Adnan H. Al-Hamadany, Diretor do Departamento de Microbiologia Médica da Universidade Al-Qadisiyah, pelo seu esforço sincero, apoio contínuo, críticas valiosas e encorajamento constante ao longo do trabalho.

Gostaria de expressar os meus agradecimentos e apreço a todos os especialistas do Departamento de Pediatria do Hospital Maternidade da cidade de Al-Diwaniya pela sua ajuda inesgotável na recolha de amostras e pelo aconselhamento durante todo o estudo.

Gostaria de agradecer ao Dr. Gassan A. Kalil, especialista em Hematologia, Al-Yarmok Teaching Hospital em Bagdade, pela sua ajuda na realização da técnica de citometria de fluxo.

Gostaria de agradecer a todo o pessoal do laboratório privado Taj-Mahal, em Bagdade, pela sua ajuda na realização da técnica da Procalcitonina.

Gostaria de agradecer ao Dr. Ahmed Alnaaimi M.B.Ch.B., PhD, Medicina Comunitária, Faculdade de Medicina, Universidade de Bagdade, pelo seu valioso contributo para a análise estatística dos resultados deste trabalho.

Não posso deixar de expressar a minha profunda gratidão a todos os doentes e às suas famílias pela sua grande ajuda e cooperação.

Os meus profundos agradecimentos e apreço a todos os que me deram um apoio e assistência infalíveis nesta altura.

Orass

Resumo

A sépsis neonatal continua a ser um problema de saúde mundial devido à sua contribuição significativa para a morbilidade e mortalidade. O seu diagnóstico precoce constitui um dilema clínico devido à sua apresentação clínica variável e inespecífica. Este estudo transversal baseou-se na análise de 2 grupos de estudo de bebés recém-nascidos que foram admitidos na Unidade de Cuidados Intensivos Neonatais (UCIN) do Hospital Maternidade e Infância da cidade de AL-Diwaniya. O grupo de casos era constituído por 75 bebés com um diagnóstico clínico de sépsis neonatal. Este grupo foi ainda classificado em 2 grupos com base nos resultados da cultura de sangue. Foi identificada uma cultura bacteriana positiva em 30 casos, que foram rotulados como grupo de "sépsis comprovada". Os casos de cultura negativa eram 45 e, por conseguinte, foram classificados como grupo de "sépsis provável". Além disso, uma amostra aleatória de 75 recém-nascidos de controlo saudáveis foi emparelhada com o grupo de casos em termos de sexo, peso à nascença e idade gestacional no período de 1st de abril a final de dezembro de 2015.

O objetivo do nosso estudo foi avaliar o papel do marcador de superfície activada CD64 nos neutrófilos e CD69 nos linfócitos como indicador sensível e específico, avaliar o papel da procalcitonina (PCT) como marcador no diagnóstico precoce da sépsis neonatal e analisar a frequência genotípica e alélica do gene *CD14* e a associação da C/T na posição - 159 no gene *CD14* e a sua suscetibilidade à sépsis em neonatos.

Verificou-se uma baixa taxa de positividade das culturas (40%) entre os recém-nascidos com suspeita de sépsis, sendo que as mulheres menos afectadas do que os homens constituíam cerca de um terço dos grupos de estudo com sépsis comprovada e provável, com um rácio de 3:2. Não foram observadas diferenças óbvias ou estatisticamente significativas na composição por género entre os 3 grupos de estudo. Além disso, não foram observadas diferenças estatisticamente significativas entre os 3 grupos de estudo na proporção de bebés com baixo peso à nascença e pré-termo. A maioria dos casos de sépsis apresentava sinais e sintomas inespecíficos, como a hipertermia, que foi a caraterística mais frequentemente registada, com mais de dois terços do grupo de casos a apresentarem esta caraterística. A taquipneia, a alimentação deficiente e a taquicardia ocupavam o segundo lugar (menos de metade dos casos apresentavam estas caraterísticas), seguidas de vómitos e letargia.

Os organismos gram-positivos representaram a maioria dos agentes causadores de casos de sépsis neonatal (80%), enquanto a sépsis devida a organismos gram-negativos representou (20%). As bactérias mais frequentes foram *Staphylococcus aureus* (50%) e *Staphylococcus epidermidis* (30%) para os gram-positivos, enquanto *Klebsiella pnuemoniae* (13,3%) e *Escherichia coli* (6,7%) para os gram-negativos.

As caraterísticas de desempenho (validade) de um teste, incluindo a sensibilidade, a especificidade, o valor preditivo positivo e o valor preditivo negativo e as curvas ROC (receiver-operating characteristic) foram utilizadas para a determinação dos limiares para o grupo de sépsis comprovada (cultura positiva) versus o grupo de recém-nascidos saudáveis e para o grupo de sépsis comprovada versus o grupo de sépsis provável (cultura negativa). Entre os testes hematológicos selecionados, verificou-se que uma proporção significativamente mais elevada de recém-nascidos com sépsis apresentava leucocitose (36,7% e 24,4% entre os grupos de sépsis comprovada e provável, respetivamente) em comparação com os controlos saudáveis. Da mesma forma, foi observada uma contagem muito baixa de neutrófilos no sangue numa percentagem significativamente mais elevada de recém-nascidos com sépsis (60% e 24,4% entre os grupos de sépsis comprovada e provável, respetivamente) em comparação com os controlos saudáveis.

Efectuou-se uma análise da curva Caraterística de Operação do Recetor para determinar a utilidade diagnóstica da Procalcitonina, da expressão de neutrófilos CD64, da expressão de linfócitos CD69, da contagem de neutrófilos no sangue e da contagem de leucócitos no sangue para a deteção de sépsis neonatal. A validade da Procalcitonina foi de 100% para a sua sensibilidade, especificidade, valor preditivo positivo e valor preditivo negativo. A validade da expressão de neutrófilos CD64 foi de 96,7% em termos de sensibilidade, 100% em termos de especificidade, 100% em termos de valor preditivo positivo e 99,6% em termos de valor preditivo negativo. A validade da expressão de linfócitos CD69 foi a sua sensibilidade de 86,7%, a sua especificidade de 93,3%, o seu valor preditivo positivo de 99,2% e o seu valor preditivo negativo de 98,4%.

A análise genotípica revelou 3 genótipos TT, CC, TC, quando a distribuição genotípica do polimorfismo CD14(C-159T) em recém-nascidos sépticos, o genótipo TT foi o mais frequente nos grupos de sépsis comprovada e provável (53,3% e 55,6%), respetivamente. Por outro lado, o genótipo CC foi o predominante no grupo de controlo (56%). Verificou-se uma taxa estatisticamente significativa mais elevada de genótipos TT e mais baixa de genótipos CC em recém-nascidos com septicemia comprovada em comparação com o grupo de controlo ($p<0{,}001$), OR = 13,14 e IC 95% (4,37 - 39,48). Como houve um resultado significativo com os genótipos TT em relação à sépsis, verificou-se que o genótipo TT representa um fator de risco para a sépsis. Em conclusão, a avaliação fluxocitométrica do CD64 dos neutrófilos pode ser considerada um marcador valioso para o diagnóstico da sépsis neonatal bacteriana. A PCT pode ser utilizada não só como um marcador de infeção mas, mais importante ainda, como um marcador da gravidade da infeção.

Conteúdo

Lista de abreviaturas

Code	Meaning
ABEI	**Aminobutyl-N-ethylisoluminol**
ANC	**Absolute neutrophil count**
BSI	**Blood stream infection**
CD	**Cluster differentiation**
CDC	**Center of disease and control**
CLABSIs	**Central line–associated bloodstream infections**
CONS	**Coagulase negative staphylococci**
CBC	**Complete Blood Cell Count**
CI	**Confidence interval**
CRP	**C-reactive protein**
DNA	**Dioxy nucleic acid**
EOS	**Early onset sepsis**
ESR	**Erythrocytes sedimentation ratio**
E. coli	**Escherichia coli**
EF	**Etiological fraction**
ELBW	**Extremely low birth weight**
FITC	**Fluorescein isothiocyanate**
FCM	**Flowcytometry**
FRET	**Fluorescence resonance energy transfer**
GCSF	**Granulocyte colony-stimulating factor**
GFP	**Green fluorescent protein**
GBS	**Group B Streptococcus**
HAI	**Health-care associated infection**
HSV	**Herpes simplex virus**
IgA	**Immunoglobulin Alpha**
IgG	**Immunoglobulin Gamma**
IMCI	**Integrated Management of Childhood Illness**
IFN	**Interferon gamma**
IL	**Interleukin**
LOS	**Late-onset sepsis**

LPS	**Lipopolysaccharide**
MBL	**Mannose-binding lectin**
MRSA	**Methicillin resistance Staphylococcus aureus**
NICHD	**National Institute of Child Health and Human**
NPV	**Negative predictive value**
NICU	**Neonatal intensive care unit**
NRN	**Neonatal Research Network**
NS	**Neonatal sepsis**
NS	**Not significant**
No.	**Number**
O.D	**Optical density**
OR	**Odds ratio**
PAMPs	**Pathogen-associated molecular patterns**
PNR	**Patient–nurse ratio**
PCR	**Polymerase chain reaction**
PPV	**Positive predictive value**
PROM	**premature rupture of membranes**
P	**Probability value**
PCT	**Procalcitonin**
PE	**Phycoerythrin**
RLU	**Relative light unite**
ROC	**Receiver operating characteristic**
SIRS	**Systemic inflammatory response syndrome**
TLC	**Total leukocyte count**
TNF	**Tumor necrosis factor**
TNF-α	**Tumor necrosis factor α**
VLOS	**Very late-onset sepsis**
WBC	**white blood cell**
WCC	**White cell count**
WHO	**World Health Organization**

CAPÍTULO 1

1.1 *Introdução*

A sépsis neonatal (SN) é uma síndrome clínica de doença sistémica acompanhada de bacteriemia que ocorre no primeiro mês de vida. A sépsis neonatal continua a ser uma das principais causas de mortalidade e morbilidade, apesar dos progressos em matéria de higiene, da introdução de novos e potentes agentes antimicrobianos para tratamento e de medidas avançadas de diagnóstico **(Naher e Khamael, 2013).** Assim, é responsável por 30 a 50% do total de mortes neonatais nos países em desenvolvimento. Estima-se que até 20% dos recém-nascidos desenvolvam sépsis e que aproximadamente 1% morra de causas relacionadas com a sépsis **(Gandhi *et al.*, 2013).**

A Organização Mundial de Saúde (OMS) estima que, dos quatro milhões de mortes neonatais que ocorrem anualmente em todo o mundo, mais de 35% se devem a infecções no período neonatal **(Lawn** et ***al.*, 2006).** O prognóstico e o resultado da sépsis neonatal dependem do diagnóstico precoce e de uma terapia antibiótica eficaz **(Stoll, 2007),** pelo que o diagnóstico e o tratamento precoces da sépsis neonatal podem ajudar a diminuir a mortalidade neonatal. No entanto, a identificação precoce da sépsis neonatal é difícil devido às apresentações clínicas inespecíficas ou mínimas. A evolução clínica da sépsis neonatal pode ser fulminante poucas horas após o início **(Ng e Lam, 2006),** e a infeção no período neonatal está associada a 10% de morte neonatal **(Stoll, 2007).** Assim, é extremamente importante identificar precocemente e com exatidão a sépsis neonatal para se obter uma terapia antimicrobiana imediata e melhores resultados.

O padrão de ouro para confirmar o diagnóstico de sépsis neonatal é a hemocultura **(Weinberg** et ***al.*, 2006).** No entanto, como os agentes patogénicos nas hemoculturas só são detectados em cerca de 25% dos doentes, suspeita-se que a sensibilidade da hemocultura seja baixa **(Arnon e Litmanovitz, 2008).** Além disso, os resultados das hemoculturas não estão disponíveis durante 48 horas para o relatório preliminar e 7 dias para o relatório final após o início da cultura, a possibilidade de sépsis na presença de hemoculturas negativas é notada em recém-nascidos que são expostos a antibióticos no útero **(Bhandari *et al.*, 2008)** e, se as hemoculturas forem colhidas após a administração de antibióticos, o crescimento de microrganismos pode ser suprimido **(Icardi** et ***al.*, 2009).** As culturas microbiológicas negativas nem sempre excluem a presença de sépsis bacteriana **(Ng** et ***al.*, 2004).** Assim, justifica-se a realização de outros testes no diagnóstico da sépsis neonatal. Por conseguinte, é necessário um marcador ou conjunto de marcadores inflamatórios fiáveis para a identificação rápida e exacta da sépsis neonatal, de modo a evitar um tratamento tardio ou desnecessário **(Young** et ***al.*, 2012).**

O diagnóstico de sépsis é difícil devido à inespecificidade dos sinais e sintomas clínicos e à sobreposição de sintomas com outras causas não infecciosas de inflamação sistémica **(Kaur et *al.*, 2013).** Embora as contagens de neutrófilos, de leucócitos totais (WBC), de neutrófilos absolutos (ANC) e de plaquetas e a hemocultura sejam pedidas para despistar a suspeita de sépsis, estes valores não são elegíveis como marcadores de infeção devido a uma sensibilidade e especificidade insuficientes **(Khaleda** et ***al.*, 2010 ; Stoll, 2011).**

Assim, a maioria dos hospitais utiliza habitualmente os níveis de proteína C-reactiva (PCR) como marcadores. No entanto, os níveis elevados de PCR também são observados em vários outros casos clínicos, tais como doenças auto-imunes, cirurgia, aspiração de mecónio e vacinação recente. Além disso, os seus valores não aumentam significativamente até cerca de 24-48 horas após o início da infeção **(Weinschenk** et ***al.*, 2000; Ng, 2004).**

Por conseguinte, nos últimos anos, a procalcitonina (PCT) tem sido candidata a novo marcador para o diagnóstico de inflamação sistémica, infeção e sépsis, tanto em crianças como em adultos **(Manzano** et ***al.*, 2011; Kaur** et ***al.*, 2013).** Foi comunicada a eficácia da PCT como ferramenta de diagnóstico precoce da sépsis neonatal. Estudos de investigação indicaram que a PCT é mais eficaz do que a PCR no seguimento, uma vez que os níveis de PCT aumentam mais cedo e regressam aos níveis normais mais rapidamente do que os níveis de PCR **(Naher *et al.*, 2011; Adib *et al.*, 2012; Sucilathangam *et al.*, 2012).** Muitos estudos também consideraram a PCT como um marcador superior de sepse neonatal em comparação com a PCR, com a vantagem adicional de diferenciar infecções bacterianas e virais, evitando assim o uso desnecessário de antibióticos **(Nnanna** et ***al.*, 2011; Sucilathangam** et ***al.*, 2012; Adib** et ***al.*, 2012).**

Uma vez que o diagnóstico da sépsis neonatal é uma das tarefas mais difíceis na prática clínica, pois a doença progride mais rapidamente do que no adulto e a taxa de mortalidade é mais elevada nos recém-nascidos **(Zaki *et al.*, 2009),** várias determinações laboratoriais diferentes são úteis no diagnóstico da sépsis neonatal; por exemplo, numerosos antigénios da superfície celular foram estudados como biomarcadores de infeção potencialmente promissores, incluindo CD69 e CD64 **(Ng & Lam, 2006).** A análise citométrica de fluxo dos antigénios de superfície celular (CD 11b, CD64, CD32, CD 16, CD69, CD25 e CD45) foi realizada para detetar a sépsis neonatal **(Hodge *et al.*, 2004)**. Outros marcadores de superfície que foram investigados em diferentes estudos incluem o CD69 nos linfócitos T e B periféricos, que também podem ter um papel importante **(Lekkou *et al.*, 2004).** Além disso, vários estudos indicaram que a quantificação do CD64 dos neutrófilos é um candidato válido para avaliação como indicador mais sensível e específico da sépsis do que os outros testes de diagnóstico disponíveis **(Davis *et al.*, 2006)**, que tem uma elevada especificidade e sensibilidade de diagnóstico da sépsis neonatal **(Cardelli *et al.*, 2008, Bhandari *et al.*, 2008).**

Por outro lado, a variação na capacidade de reconhecer os agentes patogénicos pode influenciar o risco de infeção. Uma das principais moléculas que funciona no reconhecimento de agentes patogénicos é a CD14 **(Underhill e Ozinsky, 2002).** O CD14 é um recetor de reconhecimento de padrões que desempenha um papel central na imunidade inata através do reconhecimento de lipoglicanos bacterianos, principalmente o lipopolissacárido (LPS). O CD 14 tem uma capacidade única de discriminar primeiro os lipoglicanos não autónomos de agentes patogénicos infecciosos e, para a maioria dos LPS, os lipoglicanos não autónomos infecciosos **(Shimada *et al.*, 2000).** Até agora, nenhum teste laboratorial único permitiu uma identificação rápida e fiável dos recém-nascidos infectados. Esta incapacidade levou à procura de uma nova técnica de diagnóstico.

Objetivo do estudo

O objetivo do presente estudo foi investigar o valor diagnóstico e determinar se o nível sérico de procalcitonina, os marcadores de neutrófilos CD64 e linfócitos CD69 são preditores de sépsis neonatal antes da hemocultura, bem como identificar a suscetibilidade genética do polimorfismo do gene CD14/C-159T para a sépsis em recém-nascidos.

Este objetivo será cumprido através dos seguintes objectivos.

- Determinação da concentração de Procalcitonina no soro de indivíduos saudáveis e com sépsis neonatal com o objetivo de avaliar o seu benefício no diagnóstico precoce desta doença.
- Identificação dos marcadores CD64 e CD69 na superfície de neutrófilos e linfócitos, respetivamente, através de um ensaio de citometria de fluxo para avaliar o seu papel no diagnóstico da sépsis neonatal bacteriana.
- Comparação de ambos os métodos recentes com o método convencional de cultura de sangue.
- Identificação da frequência genotípica e alélica do polimorfismo CD14/C-159T e a associação da sua suscetibilidade à sépsis em neonatos.

1.2 Revisão da literatura

1.2.1 . Sépsis neonatal

A sépsis é definida como uma síndrome de resposta inflamatória sistémica (SIRS) associada a uma infeção, com base em culturas microbiológicas ou em fortes indícios clínicos da presença de uma infeção. A sépsis grave é definida como a sépsis mais a evidência de disfunção orgânica definida em torno de parâmetros pediátricos **(Wynn *et al.,* 2010).** No entanto, a sépsis neonatal é uma síndrome clínica de bacteriemia caracterizada por sinais e sintomas sistémicos de infeção no primeiro mês de vida. Esta síndrome engloba infecções sistémicas do recém-nascido, incluindo septicemia, meningite, pneumonia, artrite, osteomielite e infeção do trato urinário do recém-nascido **(Richard *et al.,* 2004).**

1.2.2 Prevalência e taxa de mortalidade da sepse neonatal

A sépsis neonatal é uma das causas mais comuns de morbilidade e mortalidade neonatal. Estima-se que cause 26% de todas as mortes neonatais a nível mundial **(Lawn *et al.,* 2005).** A sua incidência é muito mais elevada nos países em desenvolvimento **(Kaistha *et al.,* 2009),** sendo responsável por cerca de 30-50% do total de mortes neonatais **(Bang *et al.,* 1999).** É um dos motivos mais comuns de admissão em unidades neonatais nos países em desenvolvimento **(Shah *et al.,* 2012).** Refere-se à infeção bacteriana generalizada documentada por uma hemocultura positiva nos primeiros 28 dias de vida. A base de dados nacional neonatal-perinatal indicou que as infecções superficiais, como a conjuntivite e a candidíase oral, não são normalmente incluídas na sépsis neonatal **(Davies e Davies, 2010).**

O espetro de organismos que causam a sépsis neonatal varia ao longo do tempo e mesmo dentro do mesmo hospital, o que se deve à alteração do padrão de utilização de antibióticos e às mudanças no estilo de vida **(Jyothi *et al.,* 2013).**

O número de doentes neonatais em risco de contrair infecções nosocomiais está a aumentar devido à melhoria da sobrevivência dos recém-nascidos de muito baixo peso e à sua necessidade de monitorização invasiva e de cuidados de apoio **(Couto** et ***al,* 2007).** A Organização Mundial de Saúde (OMS) referiu em 2005 que mais de 70% das mortes em crianças com menos de cinco anos ocorrem no primeiro ano de vida e 40% ocorrem no primeiro mês **(OMS, 2005).** As infecções neonatais causam atualmente 1,6 milhões de mortes por ano nos países em desenvolvimento. A sépsis e a meningite são responsáveis pela maioria destas mortes. **(Vergnano** et **al., 2005).**

De acordo com a OMS, em 2010, 3,7 milhões de recém-nascidos morreram antes de atingirem os 28 dias de idade nos Estados Unidos, e 37% deveram-se a causas infecciosas. No entanto, a mortalidade neonatal é de cerca de 34 por 1000 nados-vivos na Ásia, 42 por 1000 nados-vivos em África e 17 por 1000 nados-vivos na América Latina **(Vergnano** et ***al.,* 2005),** enquanto nos Estados Unidos e na Australásia se registam taxas relativamente baixas, de cerca de 6-9 por 1000 nados-vivos, e na Europa apenas 0,3-3 por 1000 nados-vivos **(Heath** et ***al.,* 2003).**

De acordo com as variações geográficas no Iraque, a distribuição das mortes de menores de cinco anos por grupos etários foi de 55% de todas as mortes neonatais na idade de 0-28 dias de vida, e a sépsis neonatal é responsável por cerca de 16% do total de mortes neonatais de menores de cinco anos por 1000 nados-vivos, como mostra a **(Figura 11).** Na província de AL-Qadisiya foi de 44%, em comparação com 29%, 35% e 37% em Wasit, Karbala e Al-Najaf, respetivamente **(OMS, 2014).**

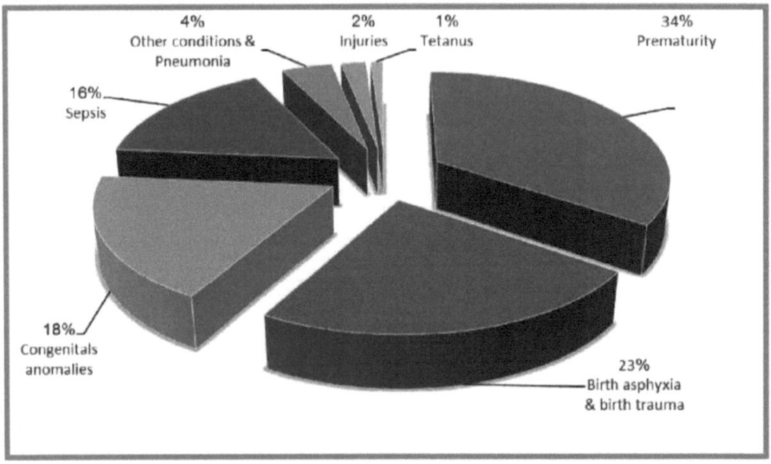

Figura (1-1): Distribuição dos óbitos de Neonatos menores de cinco anos segundo os agentes causadores (OMS, 2014).

1.2.3 . Classificação da sépsis neonatal

A sépsis neonatal é classificada em relação ao seu início em três grupos: Sepsis de início precoce (EOS), sepsis de início tardio (LOS) e sepsis de início muito tardio **(VLOS) (Jaiswal *et al.*, 2011).**

1.2.3.1 ***Sépsis de início precoce:***

Ocorre nos primeiros 7 dias de vida e está geralmente associada à aquisição de microrganismos da mãe, apresentando-se normalmente com dificuldade respiratória e pneumonia **(Stoll *et al.*, 2011).** A fonte da infeção é geralmente o trato genital materno **(Kaufman e Fairchild, 2004).**

Os principais factores de risco para a EOS incluem a prematuridade, o baixo peso à nascença, a doença febril na mãe nas 2 semanas anteriores ao parto, o licor com cheiro desagradável e/ou manchado de mecónio, a rutura prematura das membranas (RPM), o trabalho de parto prolongado e a asfixia perinatal **(Stoll *et al.*, 2005; Stoll *et al.*, 2011).**

1.2.3.2 ***Sépsis de início tardio***

Apresenta-se normalmente entre os 7 e os 30 dias após o nascimento e pode ser causada por organismos adquiridos no período pré-natal ou pós-natal, embora ocorra normalmente como consequência da transmissão nosocomial **(Benjamin e Stoll, 2006).** Os organismos que têm sido implicados na LOS incluem estafilococos coagulase negativa (CONS), *Staphylococcus aureus, E. coli, Klebsiella* spp., *Pseudomonas* spp., *Enterobacter* spp., *Candida* spp., GBS, *Serratia* spp., *Acinetobacter* spp. e anaeróbios **(Stoll *et al.*, 2002 a ; Stoll *et al.*, 2011).** Os recém-nascidos afectados apresentam geralmente septicemia e meningite **(Sankar *et al.*, 2008).** Os principais factores de risco para a LOS incluem a prematuridade e o internamento prolongado na unidade de cuidados intensivos neonatais (UCIN). Outros factores de risco são o acesso vascular central, os procedimentos invasivos e a utilização de antibióticos de largo espetro **(Stoll *et al.*, 2002 a ; Sankar *et al.*, 2008).**

1.2.3.3 ***Sépsis de início muito tardio***

Este tipo de sépsis neonatal é normalmente diagnosticado em bebés com peso extremamente baixo à nascença (BEBP) que permanecem hospitalizados durante várias semanas após o nascimento. Os principais factores que aumentam o risco de sepsia nestes bebés incluem os cateteres intravasculares necessários para os seus cuidados, a exposição prolongada a agentes antimicrobianos e os mecanismos de defesa do hospedeiro imaturos em curso **(Edwards e Baker , 2004).** O padrão dos agentes patogénicos bacterianos responsáveis pela sépsis neonatal tem mudado com o tempo e varia de local para local. Também se registou uma diferença nos organismos causadores da sépsis neonatal entre os países desenvolvidos e os países em desenvolvimento **(Sivanandan *et al.*, 2011; Stoll *et al.*, 2011; Muller-Pebody *et al.*, 2011).**

As percentagens do número aproximado de bebés de muito baixo peso à nascença (MBPN) com septicemia, ilustradas na **Figura 1-2,** indicam que a EOS ocorre normalmente através da ascensão de organismos do canal de parto para o líquido amniótico, com ou sem rutura das membranas amnióticas, enquanto a LOS ocorre com a disseminação vertical e horizontal de organismos. Em contrapartida, a grande maioria dos casos de sépsis em bebés com BPN ocorre nos primeiros 30 dias de vida, e os bebés com BPN que necessitam de cuidados intensivos prolongados correm o risco de sofrer de LOS após os 2 meses de idade **(Kaufman e Fairchild, 2004).**

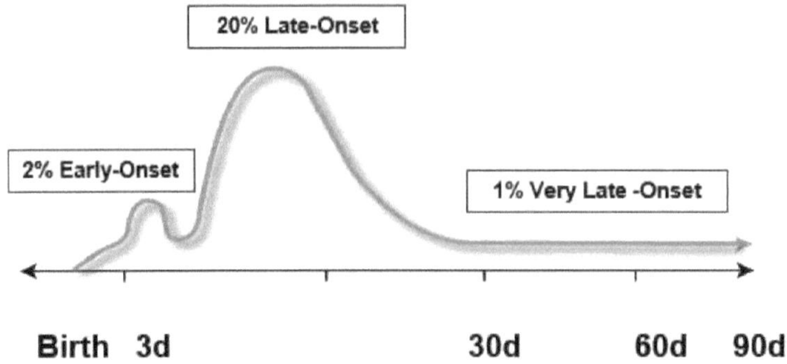

Figura (1-2): Momento da sepsia bacteriana e fúngica em bebés com BPN (Kaufman e Fairchild, 2004).

1.2.4 Fisiologia Rásica£Infeção Neonatal

Ao longo da gravidez e até à rutura das membranas, o feto está relativamente protegido da flora microbiana da mãe pelas membranas corioamnióticas, pela placenta e por factores antibacterianos pouco conhecidos no líquido amniótico (**Aletayeb** et *al.*, **2011**). No entanto, existem muitas formas de os agentes infecciosos chegarem ao feto ou ao recém-nascido para causar infeção. Os procedimentos que perturbam a integridade do conteúdo uterino, como a amniocentese, a cerclagem cervical, a colheita transcervical de vilosidades coriónicas ou a colheita percutânea de sangue, podem permitir a entrada de organismos da pele ou da vagina, causando amnionite e infeção fetal secundária. Certas bactérias, nomeadamente *o Treponema pallidum* e *a Listeria monocytogenes,* podem atingir o feto através da corrente sanguínea materna, apesar dos mecanismos de proteção da placenta, causando infeção transplacentária. Este processo é pouco frequente, mas conduz quer a uma infeção congénita, ao contrário das infecções causadas por determinados vírus ou *Toxoplasma*, quer a um nado-morto resultante de uma infeção fulminante (**Schrag** et **al., 2002).**

Existem quatro mecanismos distintos através dos quais as bactérias atingem o feto ou o recém-nascido para causar infeção:

1.2.4.1 *Infeção ascendente*

A colonização inicial do recém-nascido ocorre normalmente após a rutura das membranas maternas. Na maioria dos casos, o bebé é colonizado com a microflora do canal de parto durante o parto. No entanto, particularmente quando a rutura das membranas dura mais de 24 horas, as bactérias vaginais podem ascender e, em alguns casos, produzir inflamação das membranas fetais, do cordão umbilical e da placenta. A infeção fetal pode resultar da aspiração de líquido amniótico infetado, conduzindo a nado-morto, parto prematuro ou sépsis neonatal. Os organismos mais frequentemente isolados do líquido amniótico infetado são bactérias anaeróbias, SGB, *E.coli* e *micoplasmas* genitais (**Wendel** et *al.*, **2002).**

1.2.4.2 . *Canal de Nascimento*

A infeção da mãe no momento do parto, em particular a infeção genital, é a principal via de transmissão materna e pode desempenhar um papel importante no desenvolvimento da infeção no recém-nascido, que é muito provavelmente causada pelo GBS, que parece ser adquirido a partir da vagina ou do colo do útero através da rutura das membranas, levando à amnionite **(Stoll et al., 2002 b).**

I.2.4.3. Transplacentária (hematogénica)

Na infeção hematogénica transplacentária, a disseminação pode ocorrer em diferentes alturas durante a gestação ou pouco antes do parto (incluindo o período de separação da placenta) e geralmente causa infeção congénita. Os principais organismos que causam infeção congénita incluem *Mycoplasma, Listeria monocytogenes, Chlamydia e GBS* **(Kenneth *et al.*, 2007).**

1.2.4.4 Infeção pós-natal

Finalmente, as bactérias podem ser introduzidas após o nascimento a partir do ambiente que rodeia o bebé, quer no berçário (infeção nosocomial) quer em casa (adquirida na comunidade). Estes dois mecanismos são responsáveis pela LOS, sendo que os organismos mais comuns incluem: *estafilococos coagulase negativa (CONS), Klebsiela pneumoniae , E.coli, Salmonella, Campylobacter, Enterobacter, Citrobacter, Pseudomonas aeruginosa, Serratia, Enterococci, Staphylococcus aureus e Candida* **(Kenneth** et ***al.*, 2007).**

1.2.5 *Defesa do hospedeiro neonatal*

O desenvolvimento do sistema imunitário implica uma série de alterações que ocorrem durante os primeiros anos de vida. Os recém-nascidos, especialmente os prematuros, estão relativamente comprometidos do ponto de vista imunitário devido à imaturidade do sistema imunitário, bem como à diminuição da passagem placentária de anticorpos maternos. Vários componentes do sistema imunitário neonatal que são imaturos e contribuem para o aumento da suscetibilidade a infecções bacterianas, fúngicas e virais graves **(Belderbos *et al.*, 2012),** que podem ser resumidos da seguinte forma:

1.2.5.1 Sistema imunitário inato

O sistema imunitário inato produz uma resposta imunológica imediata e é capaz de o fazer sem exposição prévia a um agente patogénico específico. O reconhecimento dos agentes patogénicos ocorre através da identificação de regiões biológicas conservadas conhecidas como padrões moleculares associados a agentes patogénicos (PAMPs). Os receptores de reconhecimento, como os receptores do tipo TOLL, os receptores do tipo NOD e os receptores do tipo RIG, identificam e respondem aos PAMPs com a produção de citocinas e respostas pró-inflamatórias que activam o sistema imunitário adaptativo **(Kumar *et al.*, 2012).** Estudos que comparam as funções imunes inatas neonatais e adultas mostram que as células neonatais têm uma capacidade reduzida de produzir citocinas inflamatórias, especialmente o fator de necrose tumoral (TNF) e interleucina (IL-6) **(Kollmann** et al., **2009).** Para além disso, induzem a produção de IL-10, que por si só é capaz de inibir a síntese de citocinas pró-inflamatórias **(Belderbos** et ***al.*, 2012).**

As funções dos neutrófilos e das células dendríticas também são reduzidas; os neutrófilos apresentam uma diminuição da expressão de moléculas de adesão, bem como uma diminuição da resposta a factores quimiotácticos, e as células dendríticas têm uma capacidade reduzida de produzir IL-12 e interferão gama (IFN-y) **(Carr, 2000; Levy, 2007).** A redução global da produção de citocinas nos recém-nascidos também resulta numa diminuição da ativação das células assassinas naturais **(Guilmot** et al., **2011).** O comprometimento do sistema imunitário inato leva a uma maior suscetibilidade a infecções bacterianas e virais nesta população **(Guilmot** et ***al.*, 2011).**

1.2.5.2 *Sistema imunitário adaptativo*

O ramo adaptativo do sistema imunitário foi concebido para eliminar agentes patogénicos específicos. Nos recém-nascidos, o sistema imunitário adaptativo aumenta lentamente a sua função em direção a uma resposta semelhante à dos adultos, minimizando a resposta inflamatória avassaladora que ocorreria quando os bebés transitam de ***um*** ambiente estéril para ***um*** ambiente colonizado **(Schelonka** et al., **2011).** A diminuição da função citotóxica (forte polarização T-helper 2 com diminuição da produção de IFN gama), a falta de comutação de isótipos, a imaturidade geral e a diminuição da memória (devido à exposição limitada a agentes patogénicos no momento do nascimento) reduzem a capacidade do neonato para responder eficazmente às infecções **(Tolar** et al., **2009; Takahashi** et al., **2009).** Por exemplo, a redução da imunidade mediada por células aumenta os riscos de infecções causadas por agentes patogénicos intracelulares, como *a Listeria, a Salmonella,* o vírus do herpes simples (HSV), o citomegalovírus e os enterovírus. A passagem transplacentária de imunoglobulina G (IgG) materna está inversamente relacionada com a idade gestacional e limita a capacidade funcional do neonato para responder a determinados agentes patogénicos **(van den Berg** et ***al.*, 2011; Palmeira** et al., **2012).** A IgG mínima é transportada para o feto no primeiro trimestre, enquanto a IgG fetal aumenta no segundo trimestre de aproximadamente 10% entre as 17 e as 22 semanas de gestação e 50% entre as 28 e as 32 semanas de gestação. Assim, os bebés pré-termo carecem de proteção humoral adequada contra uma série de agentes patogénicos infantis, ao passo que os bebés de termo estarão frequentemente protegidos contra a maioria das infecções neonatais evitáveis por vacinação através da passagem transplacentária do soro da mãe **(Malek, 2003).**

Além disso, estudos histológicos também demonstraram que a zona marginal do baço não está completamente desenvolvida até aos 2 anos de idade, aumentando a suscetibilidade do bebé a infecções bacterianas encapsuladas, tais como **Streptococcus pneumoniae, Haemophilus influenzae, Neisseria meningitides (Zandvoort e Timens, 2002).** Finalmente, a transferência de IgA, IgG, citocinas e péptidos antibacterianos presentes no leite humano pode estar comprometida, especialmente em bebés prematuros. A falta de IgA secretora diminui a capacidade do recém-nascido para responder a agentes patogénicos ambientais **(Brandtzaeg, 2010).**

1.2.5.3 *Complemento*

Os níveis de complemento aumentam com o aumento da idade gestacional, mas são apenas cerca de 50% dos níveis adultos no termo. Níveis reduzidos de complemento estão associados a uma opsonização deficiente e a uma morte bacteriana prejudicada. Embora ambas as vias pareçam ser capazes de ser activadas, pode haver variações no seu nível de ativação. Além disso, foi observada uma deficiência profunda de C9 em recém-nascidos, reduzindo a capacidade de formar o complexo bacteriolítico C5b-9 de ligação à membrana (MAC), o que aumentará o risco de contrair infecções bacterianas invasivas graves **(Hogasen** et ***al.*, 2000).**

1.2.6 *Factores de risco para a sépsis neonatal*

As taxas de infeção associada aos cuidados de saúde (IACS) em diferentes unidades neonatais variam muito. Há várias razões para esta variação, incluindo diferenças na forma como a sépsis é definida, diferenças nos tipos de bebés tratados e diferenças nos padrões de cuidados. Há provas claras de que os factores que contribuem para as IACS são, de facto, multifactoriais. É inevitável que, de tempos a tempos, ocorram nas UCIN grupos de infeção com determinados agentes patogénicos nosocomiais. A compreensão dos factores de risco para a aquisição e/ou infeção com a estirpe do surto pode informar as medidas de controlo da infeção para pôr termo ao surto **(Gray, 2008).**

A determinação dos factores de risco para a sépsis por todas as causas é a abordagem mais útil, quando o objetivo da vigilância é comparar as taxas de infeção intra ou inter-unidades, uma vez que a flora microbiana predominante nas unidades varia. A única exceção a esta regra poderá ser o CoNS, que representa a maioria dos isolados de hemoculturas nas UCIN. As taxas de infeção com estas bactérias podem, por conseguinte, representar um indicador razoável das taxas de infeção globais. No entanto, esta abordagem pode ocultar diferenças importantes nas taxas de infeção por agentes patogénicos menos comuns, mas mais virulentos **(Gray, 2007).** Os factores de risco para a infeção da corrente sanguínea (BSI) dividem-se em três categorias principais:

1.2.6.1 *Factores de risco intrínsecos*

O feto e o recém-nascido enfrentam um conjunto complexo de exigências imunológicas, incluindo a proteção contra infecções, a prevenção de respostas imunitárias inflamatórias prejudiciais que podem conduzir a partos prematuros e o equilíbrio da transição de um ambiente intrauterino estéril para um mundo rico em antigénios estranhos. Estas exigências moldam um sistema imunitário inato neonatal distinto que é tendencioso contra a produção de citocinas pró-inflamatórias. Esta tendência torna os recém-nascidos em risco de infeção e prejudica as respostas a muitas vacinas **(Levy, 2007).** Os recém-nascidos prematuros respondem adequadamente à maioria dos antigénios proteicos, mas a resposta aos antigénios polissacáridos é fraca nos primeiros 2 anos de vida. As actividades de opsonização do sistema de complemento alternativo e os níveis séricos de fibronectina são deficientes no recém-nascido de termo. O recém-nascido tem uma contagem total de linfócitos T elevada, mas os marcadores fenotípicos de superfície diferem dos da criança mais velha. A atividade das células T citotóxicas está diminuída, tal como a função das células T auxiliares. A resposta específica ao antigénio dependente das células T está atrasada e há uma produção limitada de várias citocinas. A atividade das células assassinas naturais, que é importante no controlo das infecções virais do grupo do herpes, também está diminuída **(Lewis e Wilson, 2001).**

É universalmente aceite que a incidência de sépsis de início tardio é inversamente proporcional ao peso à nascença e à idade gestacional **(Gray, 2008).** A incidência de nascimentos pré-termo (<37 semanas de gestação) está a aumentar em muitos países do mundo e tornou-se uma preocupação de saúde global. Mais de 70% dos bebés pré-termo nascem entre as 34 e as 36 semanas de gestação (pré-termo tardio). A maioria das grandes séries que descrevem a epidemiologia da sepse neonatal limita-se a bebês com idade gestacional muito baixa (<33 semanas) ou VLBW (<1500 g de peso ao nascer) **(Cohen-Wolkowiez *et al.*, 2009).**

Os factores de risco maternos podem ser incluídos nesta categoria; a febre materna, a rutura das membranas antes do parto por mais de 18 horas, o início prematuro do parto, a corioamnionite, as infecções do trato urinário e a colonização por estreptococos do grupo B (GBS) são os principais factores de risco maternos **(OMS, 2003).** Também o efeito da idade gestacional no risco de doença por EBG, por exemplo, poderia ser explicado pela quantidade de anticorpos IgG maternos recebidos pelo bebé, porque a suscetibilidade à doença invasiva por EBG tem sido correlacionada com a deficiência nos níveis de anticorpos IgG séricos específicos do tipo materno **(Lin *et al.*, 2003).**

I.2.6.2.. *Factores de risco extrínsecos (Procedimentos invasivos)*

Qualquer procedimento que perturbe as barreiras normais à infeção é suscetível de apresentar um maior risco de infeção no recém-nascido do que mais tarde na vida. O recém-nascido normal escapa à maioria dos procedimentos invasivos, mas pode ser sujeito a eléctrodos no couro cabeludo ou a punções percutâneas para recolha de sangue. Os eléctrodos do couro cabeludo constituem um portal de entrada para os microorganismos genitais maternos. As complicações infecciosas ocorrem em menos de 1% dos bebés e a maioria são abcessos benignos, mas foram registadas celulite grave, bacteriemia, osteomielite e infeção disseminada por HSV. Os recém-nascidos prematuros e doentes necessitam frequentemente de alimentação por sondas nasogástricas, que proporcionam um portal de entrada e potenciam o crescimento excessivo de micróbios no trato gastrointestinal superior. O leite materno e as fórmulas administradas por infusão contínua permanecem à temperatura ambiente durante várias horas, permitindo que os micróbios proliferem no reservatório ou na tubagem durante a infusão **(Mehall** et ***al.*, 2002).**

Os agentes patogénicos causadores mais frequentemente notificados de infecções da corrente sanguínea associadas à via central (CLABSI) continuam a ser os CoNS, *Staphylococcus aureus,* Enterococci e *Candida* spp. Os bacilos Gram-negativos representaram 19-21% das CLABSI notificadas ao centro de doenças e controlo (CDC) **(O'Grady et *al.*, 2002).**

I.2.6.3. Factores de risco ambientais (relacionados com as infra-estruturas)

Alguns estudos examinaram a relação entre a sépsis neonatal e os factores organizacionais e estruturais na UCIN **(Gray, 2008).** As taxas de infeção na UCI neonatal aumentam com a sobrelotação e a falta de pessoal **(Moore, 2004).** O aumento das taxas de *Staphylococcus aureus* resistente à meticilina (MRSA) endémico foi associado à sobrelotação e à falta de pessoal, com a erradicação do MRSA quando estas condições melhoraram.

Noutro relatório, um surto de infeção por *Enterobacter cloacae* foi associado à falta de pessoal e à sobrelotação; observou-se uma diminuição da percentagem de IACS de 5,8 para 1,8 após a mudança para uma nova UCIN com mais enfermeiros e espaço por bebé, lavatórios mais acessíveis e melhor ventilação. Um dos preditores mais importantes do bem-estar dos doentes é a quantidade de cuidados de enfermagem diretos que estes recebem por dia. A medida da prestação de cuidados de enfermagem utilizada é o rácio doente-enfermeiro (PNR), que corresponde ao número médio de enfermeiros registados (calculado ao longo de um período de 24 horas de turnos, incluindo turnos parciais de enfermeiros) e à ocupação em termos de censo da UCIN à meia-noite do dia anterior **(Profit *et al.*, 2010).**

Existem diretrizes baseadas em evidências para as práticas de higiene das mãos dos profissionais de saúde, mas o seu cumprimento é internacionalmente baixo **(Creedon, 2005).** A adesão à higiene das mãos observada entre os profissionais de saúde por muitos investigadores não excede os 50% **(Bischoff *et al.*, 2000).** Muitos factores têm contribuído para a fraca adesão à lavagem das mãos entre os trabalhadores do sector da saúde, incluindo a falta de conhecimentos do pessoal sobre a importância da higiene das mãos na redução da propagação de infecções e sobre a forma como as mãos ficam contaminadas, a falta de compreensão da técnica correta de higiene das mãos, a falta de pessoal e a sobrelotação, o acesso deficiente a instalações de lavagem das mãos, a dermatite de contacto irritante associada à exposição frequente ao sabão e à água e a falta de empenhamento institucional numa boa higiene das mãos **(Pittet e Boyce, 2001).** Para serem eficazes, os esforços para melhorar o cumprimento das diretrizes de lavagem das mãos devem ser multifacetados. É necessário disponibilizar à cabeceira de cada doente toalhetes com álcool para as mãos (com emolientes). As questões relacionadas com a irritação da pele dos profissionais de saúde têm de ser abordadas com urgência **(Creedon, 2005).**

1.2.7 *Microbiologia da sépsis neonatal*

O espetro de organismos que causam sépsis neonatal muda ao longo do tempo e varia de região para região. No passado, os cocos Gram positivos eram os agentes patogénicos mais comuns nos Estados Unidos, mas esta predominância passou para os bacilos entéricos Gram negativos após a utilização generalizada de agentes antimicrobianos **(Stoll *et al.*, 2011).** Os agentes patogénicos microbianos e os factores de risco associados à sépsis neonatal são apresentados na (Tabela 1-1).

Tabela (1-1): Agentes patogénicos microbianos e factores de risco associados à sépsis neonatal (Libster et *al.*, 2012).

Neonatal sepsis	Microbial pathogens	Risk factors
Early-onset	• Group B *streptococci* • *Escherichia coli* • *Streptococcus viridans* • *Enterococci* • *Staphylococcus aureus* • *Pseudomonas aeruginosa* • Other gram-negative bacilli	• Maternal Group B *streptococcal* colonization • Chorioamnionitis • Premature rupture of membranes • Prolonged rupture of membranes (> 18 h) • Preterm birth (< 37 weeks) • Multiple gestation
Late-onset	• Coagulase-negative *Staphylococci* • *Staphylococcus aureus* • *Candida albicans* • *Escherichia coli* • *Klebsiella pneumoniae* • *Enterococci* • *Pseudomonas aeruginosa* • *Group B streptococci*	• Prematurity • Low birth weight • Prolonged indwelling catheter use • Invasive procedures • Ventilator associated pneumonia • Prolonged antibiotics

1.2.8 *Instrumentos de diagnóstico utilizados na sépsis neonatal*

A septicemia neonatal é diagnosticada clinicamente por uma combinação de sinais clínicos, testes laboratoriais inespecíficos e confirmação microbiológica por hemocultura, que é o padrão de ouro para o diagnóstico de septicemia **(Marchant *et al.*, 2013).** A identificação da síndrome de sépsis clínica neonatal é difícil, uma vez que os sinais clínicos da septicemia neonatal podem ser muito semelhantes aos de outras doenças potencialmente fatais, como a enterocolite necrosante, a doença da membrana hialina e a asfixia perinatal **(English *et al.*, 2004).**

1.2.8.1 Sinais e sintomas clínicos

O diagnóstico precoce da sépsis neonatal constitui um dilema clínico devido à apresentação clínica variável e inespecífica desta doença **(Ng *et al.*, 2002; Bhandari *et al.*, 2008).** No entanto, estudos realizados em países de rendimento médio e baixo forneceram sete sinais de perigo que podem ser utilizados para identificar bebés com doença muito grave, incluindo a sépsis neonatal, como se mostra na Tabela 1-2 **(Stoll e Shane, 2016).**

Tabela (1-2): Sinais e sintomas iniciais de infeção em recém-nascidos (Stoll e Shane, 2016).

GENERAL Fever, temperature instability "Not doing well" Poor feeding Edema	**RENAL SYSTEM** Oliguria **CARDIOVASCULAR SYSTEM** Pallor; mottling; cold, clammy skin Tachycardia Hypotension Bradycardia
GASTROINTESTINAL SYSTEM Abdominal distention Vomiting Diarrhea Hepatomegaly	**CENTRAL NERVOUS SYSTEM** Irritability, lethargy Tremors, seizures Hyporeflexia, hypotonia Abnormal Moro reflex Irregular respirations Full fontanel High-pitched cry
RESPIRATORY SYSTEM Apnea, dyspnea Tachypnea, retractions Flaring, grunting, Cyanosis	**HEMATOLOGIC SYSTEM** Jaundice Splenomegaly Pallor Petechiae, purpura,Bleeding

Estes sinais proporcionam uma sensibilidade elevada e uma especificidade moderada para a deteção de doenças graves em recém-nascidos em locais com poucos recursos e foram agora incorporados nas novas diretrizes neonatais da OMS sobre a gestão integrada das doenças infantis (n-IMCI), **Quadro 1-3 (Stoll e Shane, 2016).**

Tabela (1-3): Critérios clínicos para o diagnóstico de sépsis no contexto internacional (Stoll e Shane, 2016).

NEUROLOGIC: convulsions, drowsy or unconscious, decreased activity, bulging fontanel
RESPIRATORY: respiratory rate >60 breaths/min, grunting, severe chest indrawing, central cyanosis
CARDIAC: poor perfusion, rapid and weak pulse
GASTROINTESTINAL: jaundice, poor feeding, abdominal distention
DERMATOLOGIC: skin pustules, periumbilical erythema or purulence
MUSCULOSKELETAL: edema or erythema overlying bones or joints
OTHER: Temperature >37.7°C (99.9°F; or feels hot) or <35.5°C (95.9°F; or feels cold)

1.2.8.2 Ensaios laboratoriais

1.2.8.2.1 Contagem de glóbulos brancos (WBC), contagem de plaquetas e contagem diferencial

Apesar de ser amplamente reconhecida a falta de especificidade e sensibilidade da contagem de glóbulos brancos, da contagem de plaquetas e da contagem diferencial de glóbulos brancos, continuam a ser utilizadas para o rastreio de recém-nascidos com sépsis **(Ng e Lam ,2006; Hoffmann, 2009).** As limitações dos leucócitos são as seguintes **(Hoffmann, 2009)**

- Pode ser normal, elevado ou baixo na infeção

  - Pode ser elevada devido a muitas condições, como o stress do parto, após uma cirurgia ou um traumatismo.
  - Podem existir diferenças entre os valores das amostras arteriais ou venosas
  - A contagem diferencial e a avaliação da contagem de células neutrófilas imaturas dependem do operador (subjectiva) e, por conseguinte, nem sempre são fiáveis **(Ng e Lam, 2006).**

A trombocitopenia (contagem baixa de plaquetas) com contagens de $<100 \times 10^9$ /l (o intervalo de referência neonatal normal para plaquetas é de 150-450 $\times 10^9$ /l, conforme obtido do Haematopathology Laboratory do Children Hospital, British Columbia, janeiro de 1990) pode ocorrer na sépsis neonatal, mas não é específica da sépsis **(Murphy e Weiner, 2012).** Foi observado um aumento do volume plaquetário médio e da largura da distribuição plaquetária em recém-nascidos com sépsis nos 2-3 dias de vida **(Murphy e Weiner, 2012).**

Ao contrário das crianças mais velhas e dos adultos, a contagem de glóbulos brancos (WBC) não prevê com exatidão a infeção em recém-nascidos. Uma revisão multicêntrica recente de hemogramas e hemoculturas em recém-nascidos admitidos em 293 unidades de cuidados intensivos neonatais (UCIN) nos Estados Unidos mostrou que as contagens baixas de leucócitos e de neutrófilos absolutos, bem como o rácio elevado de neutrófilos imaturos/totais (rácio I:T), estavam associados a um aumento das probabilidades de infeção (rácios de probabilidades de 5,38, 6,84 e 7,90, respetivamente); no entanto, as sensibilidades dos testes para a deteção de sépsis eram baixas **(Hornik *et al.*, 2012).**

1.2.8.2.2 ***Culturas microbiológicas***

As hemoculturas são atualmente utilizadas como o padrão de ouro para o diagnóstico de infeção/sepsia e ajudam na tomada de decisões terapêuticas, especialmente na escolha dos antibióticos adequados **(Icardi *et al.*, 2009; Jia *et al.*, 2013).** As culturas microbiológicas estão repletas de dificuldades, que incluem as seguintes:

- Pode haver um atraso nos resultados finais da cultura durante 48-72 horas após a colheita.

Este facto resulta numa exposição desnecessária a antibióticos em recém-nascidos com suspeita clínica de sépsis e cria um ambiente propício ao aparecimento de resistência bacteriana **(Bhandari *et al.*, 2008).**

- A bacteriemia genuína pode não ser detectada numa proporção significativa de casos infectados devido ao pequeno volume de sangue colhido de bebés prematuros **(Ng e Lam, 2006).**
- Na sépsis neonatal, as hemoculturas são frequentemente negativas em alguns casos de pneumonia e meningite **(Layseca** et ***al.*, 2002).** As **hemoculturas** negativas podem mesmo ocorrer numa infeção bacteriana generalizada fatal **(Layseca** et ***al.*, 2002).**
- A possibilidade de sépsis na presença de **hemocultura** negativa foi registada em recém-nascidos que tinham sido expostos a antibióticos no útero, presumivelmente devido à interferência dos antibióticos no crescimento do organismo in vitro **(Bhandari** et ***al.*, 2008).**
- A bacteriemia pode frequentemente ser transitória ou intermitente, especialmente durante as fases iniciais da infeção **(Ng e Lam, 2006).**

1.2.8.2.3 ***Rastreio de sepsia***

Todos os recém-nascidos com suspeita de sépsis devem ser submetidos a um rastreio de sépsis para corroborar o diagnóstico. No entanto, a decisão de iniciar antibióticos não precisa de estar condicionada ao resultado do rastreio de sépsis se houver uma forte suspeita clínica de sépsis **(Murphy e Weiner, 2012).**

1.2.8.2.4 ***Reagentes de fase aguda***

Os reagentes de fase aguda são também frequentemente utilizados na previsão da sépsis neonatal. O reagente de fase aguda mais utilizado é a proteína C-reactiva (PCR). Numa meta-análise, a sensibilidade deste teste foi estimada em 80%, mas a especificidade foi de apenas 60% - 80% **(Hoffmann, 2009).** Vários estudos concordam que as medições seriadas da PCR orientam a duração do tratamento com antibióticos em recém-nascidos tratados por suspeita de sépsis antes de estarem disponíveis os resultados finais da hemocultura **(Chiesa *et al.*, 2004; Hofer *et al.*, 2012).**

A PCR foi descrita pela primeira vez na década de 1930 e, desde então, vários estudos demonstraram a elevação da PCR em várias etiologias infecciosas e não infecciosas que partilham um contexto comum de inflamação ou lesão tecidular. Nos recém-nascidos, as medições seriadas da PCR nas primeiras 24 a 48 horas de sintomas aumentam a sensibilidade do teste, sugerindo-se que os valores normais de PCR durante este período têm um valor previsto negativo de 99% para a determinação da infeção **(Philip e Mills, 2000; Hengst, 2003).**

Por outro lado, níveis elevados de PCR podem ser mais difíceis de interpretar, especialmente para o diagnóstico de EOS, porque fatores como rutura prematura de membranas (RPM), febre materna, hipertensão induzida pela gravidez, uso de esteróides pré-natais e sofrimento fetal também podem causar elevação da PCR **(Chiesa** et ***al.*, 2001).** Além disso, estudos têm sugerido uma variação fisiológica da PCR durante os primeiros dias de vida, o que limita o uso de valores únicos. A idade gestacional influencia a cinética da PCR, com os bebés prematuros a terem uma resposta mais baixa e mais curta da PCR em comparação com os bebés saudáveis de termo **(Chiesa** et ***al.*, 2011; Hofer** et ***al.*, 2011).** Os estudos sugerem que a PCR é mais bem utilizada como parte de um grupo de testes de diagnóstico auxiliares para ajudar a determinar se um bebé tem uma infeção, do que como um teste único. Além disso, são observados níveis elevados de PCR na infeção, na doença autoimune, na cirurgia, na aspiração de mecónio e na vacinação recente. Além disso, os valores de PCR não aumentam significativamente até cerca de 14-48 horas após o início da infeção **(Koksal** et ***al.*, 2007;** ***Naher et al.*, 2011).**

Um dos mais recentes marcadores de fase aguda da infeção é a **Procalcitonina (PCT),** a pró-hormona da calcitonina, que ocorre em concentrações muito baixas no soro de pessoas saudáveis **(Ballot *et al.*, 2004).** Afirma-se que a PCT é mais específica para as infecções bacterianas do que para as infecções virais, mas não é universalmente aceite como um ensaio de diagnóstico melhorado da infeção **(Davis *et al.*, 2006).** Na literatura, a exatidão do diagnóstico da PCT parece ser superior à da PCR **(Hoffmann, 2009).**

Embora a PCT seja razoavelmente preditiva de sepse neonatal, ela não é suficientemente confiável para ser usada como único marcador na avaliação da sepse neonatal **(Ballot** et ***al.*, 2004; Koksal** et ***al.*, 2007).** A libertação tecidular de PCT aumenta com a infeção, o que a torna um marcador potencial para a deteção precoce da sépsis. A PCT difere da PCR, na medida em que os níveis de PCT aumentam mais rapidamente e podem ser mais úteis para a deteção de **EOS (Auriti** et ***al.*, 2012)**, num estudo observacional prospetivo multicêntrico de 762 recém-nascidos, mostrou um aumento significativo no valor mediano do nível de PCT em recém-nascidos com sépsis em comparação com aqueles sem sépsis (3,58 vs 0,49 ng/mL; P<.001). Além disso, um valor de corte de 2,4 ng/mL foi sugerido como o nível mais preciso para a diferenciação de sepse em recém-nascidos, independentemente da idade gestacional, com uma sensibilidade de 62% e uma especificidade de 84%. Uma meta-análise de 16 estudos (1959 recém-nascidos) mostrou que a PCT tinha uma sensibilidade e especificidade combinadas de 81% e 79%, respetivamente **(Vouloumanou** et ***al.*, 2011).**

De facto, os resultados bacteriológicos necessitam de tempo e podem ser negativos nos recém-nascidos. Além disso, é impraticável obter amostras de sangue para hemoculturas em série em bebés (**Naher** et *al.*, **2011**). Por conseguinte, são necessários novos métodos laboratoriais para o diagnóstico precoce das doenças, a avaliação do prognóstico e a eficácia do tratamento.

Além disso, a PCT foi proposta como um marcador de sépsis bacteriana em doentes em estado crítico. A PCT é um precursor da calcitonina e uma proteína de 116 aminoácidos. Ao contrário da calcitonina, que tem uma semi-vida curta de 10 minutos, a PCT tem uma semi-vida muito mais longa, de 25-30 horas (**Sucilathangam et** *al.*, **2012**). Em pessoas saudáveis, os níveis de PCT são dificilmente detectáveis (**Altunhan** et *al.*, **2011**). Embora os locais exactos de produção de PCT na sépsis não tenham sido identificados, acredita-se que os monócitos e as células hepáticas sejam fontes potenciais (**Stocker** et *al.*, **2010**), e o lipopolissacárido bacteriano (LPS) demonstrou ser um potente indutor da libertação de PCT na circulação sistémica (**Vouloumanou** ***et al.*****, 2011**). O nível de PCT aumenta mais rapidamente na infeção neonatal do que a proteína C-reactiva de fase aguda (PCR) e o seu nível também diminui mais rapidamente após um tratamento bem sucedido, o nível de PCT aumenta 3-4 horas após a exposição a agentes bacterianos e, no prazo de 6 horas, atinge o nível máximo, enquanto o aumento da PCR requer 12-18 horas (**Adib** et *al.*, **2012**).

A lectina de ligação à manose (MBL) é uma proteína plasmática, produzida principalmente pelo fígado, com um papel importante na defesa imunitária inata. A MBL ativa a via da lectina do sistema do complemento, aumentando a opsonização e reforçando a fagocitose (**Neth** et *al.*, **2000**). Os polimorfismos genéticos no gene MBL têm sido associados a um risco acrescido de sépsis. Num estudo recente em que os níveis de MBL foram medidos em 93 recém-nascidos, o desenvolvimento de sépsis foi associado a níveis mais baixos de MBL e à presença do genótipo BB no exão 1 do gene MBL. A MBL continua a ser uma ferramenta de investigação, sendo necessários mais estudos para confirmar a sua utilidade diagnóstica (**Ozkan et** ***al.*****, 2012**).

1.2.8.2.5 *Perfil de citocinas*

A interleucina-6 (IL-6), uma citocina pró-inflamatória, demonstrou ser útil no diagnóstico precoce da infeção neonatal (**Benitz, 2010**). Este último estudo também sugeriu que a melhor previsão da sépsis neonatal foi obtida a partir da utilização combinada da IL-6 e da PCR, ou seja, a IL-6 inicialmente e a PCR às 24 horas. No entanto, a IL-6 é o principal estímulo envolvido na indução da reação de fase aguda e no aumento da síntese de PCR. Por conseguinte, a medição em série da PCR, que é muito mais simples de efetuar e mais rentável, é provavelmente mais útil do que a determinação dispendiosa e demorada da concentração plasmática de IL-6 na avaliação da septicemia neonatal (**Cernada** ***et al.*****, 2012**) . Foram estudadas várias citocinas para o diagnóstico da sépsis neonatal, incluindo IL-6, IL-8, IL-10 e TNF-alfa. A IL-6 e a IL-8 aumentam muito rapidamente com a invasão bacteriana, mas normalizam rapidamente nos níveis séricos (nas primeiras 24 horas), limitando a sua capacidade de serem utilizadas como marcadores clínicos. O TNF-alfa não demonstrou ter uma sensibilidade elevada, mas o rácio de IL-10 e TNF-alfa foi utilizado para o diagnóstico de LOS em recém-nascidos com baixo peso corporal com algum sucesso **(Ng** et ***al.*, 2003; Resch** et al., **2003).**

Além disso, o fator estimulador de colónias de granulócitos (GCSF), um mediador produzido pela medula óssea, facilita a proliferação e a diferenciação dos neutrófilos e foi proposto como um marcador de infeção fiável para o diagnóstico precoce da sépsis neonatal. Uma concentração $\geq$ 200 pg/ml tem uma sensibilidade elevada (95%) e um valor preditivo negativo (99%) para prever o início precoce de infecções bacterianas e fúngicas neonatais **(Carr** et al., **2009).** Também o fator de necrose tumoral-α (TNF-α) é *uma* citocina pró-inflamatória que estimula a produção de IL6 e tem um amplo espetro de acções biológicas em vários tipos de células-alvo, tanto imunitárias como não imunitárias. Os recém-nascidos que desenvolvem infecções de início precoce apresentam concentrações de TNF-α mais elevadas do que os bebés não infectados **(Carr** et ***al.*, 2009).**

Outros marcadores estudados nos últimos anos incluem moléculas de adesão (molécula de adesão intercelular-1, molécula de adesão celular vascular-1, Eselectina, L-selectina), produtos de ativação do complemento (C3a- desArg, C3bBbP, SC5b-9) e IL-1 alfa, IL-1 beta e antagonista do recetor de IL (ILIRA), que se verificou aumentarem significativamente durante a sépsis, embora estes achados necessitem de uma avaliação mais aprofundada para aplicação clínica no diagnóstico de infecções em recém-nascidos **(Cernada** et al., **2012).** Foi demonstrado que os níveis medianos de IL-6 e TNF-a eram significativamente mais elevados em grupos de doentes com um diagnóstico de sépsis clínica do que nos controlos. O ponto de corte ideal foi de 32 pg /ml para IL-6 e 12 pg /ml para TNF-α. A combinação de TNF-α e IL-6 proporcionou uma sensibilidade de 98,5%, e é um marcador altamente sensível de sépsis no período pós-natal imediato **(Cernada et al., 2012).** Por conseguinte, a avaliação de uma combinação de perfis de citocinas pode aumentar a probabilidade de identificar a infeção mais do que medições isoladas.

1.2.8.2.6 ***Marcadores de superfície celular***

Foram estudados numerosos antigénios de superfície celular como biomarcadores de infeção potencialmente promissores, incluindo CD lib, CD69 e CD64 **(Ng e Lam, 2006).** Neutrófilo CD64 e Neutrófilo/Monócito CD11B Os marcadores específicos, neutrófilo CD64 e neutrófilo/monócito CD11B, são antigénios de superfície celular cuja produção aumenta após a ativação de leucócitos por bactérias e, por conseguinte, podem ser potencialmente utilizados para o diagnóstico da sépsis neonatal. A sua regulação positiva precede a da PCR, o que sugere uma potencial utilização no EOS. Um estudo realizado por **Genel *et al.*, 2012**, mostrou que o CD64 tinha uma sensibilidade e especificidade para identificar com precisão a sépsis neonatal de 81% e 77%, respetivamente, com um VAL de 75%. Do mesmo modo, o CD 11b tinha uma sensibilidade e especificidade de 66% e 71%. O custo e o tempo de processamento podem constituir obstáculos à utilização destes marcadores na prática clínica. Os neutrófilos CD 11b e CD64 parecem ser marcadores promissores para o diagnóstico de infecções de início precoce e tardio. Outros marcadores de superfície que têm sido investigados em diferentes estudos incluem o CD69 nos linfócitos T e B periféricos, que também podem ter um papel importante **(Lekkou *et al.*, 2004).** O CD69, uma proteína expressa precocemente na superfície das células T estimuladas, é utilizado como marcador de ativação e está correlacionado com a resposta proliferativa específica dos antigénios dos linfócitos **(Marzio *et al.*, 1999).** O CD69 é um marcador de ativação regulado positivamente após a estimulação de células NK. Recentemente, observámos que a expressão de TLR2, TLR4 e do marcador de ativação precoce CD69 estava aumentada nas células NK de doentes com septicemia em comparação com as de voluntários saudáveis, sugerindo que as células NK do sangue são activadas durante as fases iniciais da septicemia. Curiosamente, a expressão do CD69 foi ainda mais elevada nos doentes com SIRS, que apresentam inflamação estéril, sugerindo que o CD69 pode ser ***um*** marcador de inflamação aguda e não de infeção **(Guimarães *et al.*, 2012).**

Vantagens da utilização do CD64 e do CD69 como marcadores de diagnóstico analisados por citometria de fluxo, representadas em:-

- A análise citométrica de fluxo pode ser efectuada com um volume mínimo de sangue (50 µL de sangue total).
- O resultado está disponível no prazo de 4 horas após a chegada da amostra ao laboratório.
- A medição pode ser quantitativa, permitindo assim a comparação de resultados entre diferentes centros.
- Ao contrário das citocinas, que são normalmente testadas em amostras, a medição dos antigénios de superfície celular é realizada numa base ad hoc.
- A expressão persistente de CD 64 durante pelo menos 24 horas confere ao marcador uma janela de diagnóstico alargada; e
- As utilidades diagnósticas muito favoráveis em diferentes estudos fazem do CD64 um dos melhores marcadores de infeção para a identificação de sepsis de início precoce e tardio **(Ng *et al.*; 2004).**

1.2.8.2.7 *Citometria de fluxo*

A citometria de fluxo é uma técnica de medição das propriedades físicas e químicas de células vivas ou de outras partículas biológicas à medida que estas passam num fluxo fluido de uma única célula através de um aparelho de medição. No cenário mais comum, um ou mais lasers interrogam cada partícula e, no mínimo, o sistema mede o grau e a direção da luz dispersa - indicadores do tamanho, forma e estrutura da partícula. Se as partículas tiverem sido coradas com um ou mais corantes fluorescentes - conhecidos como fluorocromos, a fonte de luz excita esses corantes para fornecer informações biológicas adicionais sobre cada partícula, como a atividade metabólica, o conteúdo de ADN e a presença de marcadores específicos de superfície e intracelulares. Elementos ópticos e electrónicos precisos recolhem os impulsos fluorescentes e a luz dispersa, convertem-nos em valores digitais e enviam-nos para um computador para análise. Alguns citómetros de fluxo estão também equipados para identificar e separar partículas especificadas pelo utilizador em recipientes de recolha. Os seleccionadores de células de elevado desempenho podem atingir, por rotina, taxas de 70 000 células por segundo **(Shapiro, 2003).**

O poder único dos citómetros de fluxo reside no facto de poderem medir rápida e quantitativamente múltiplos parâmetros simultâneos em células vivas individuais e depois isolar as células de interesse. Além disso, a sensibilidade e as taxas de produção alcançadas por instrumentos comerciais de elevado desempenho permitem a deteção de populações e eventos extremamente raros (frequências inferiores a 10-6), tais como células estaminais, células dendríticas, células T específicas de antigénios e transfectantes genéticos **(Ashcroft e Lopez, 2000).**

Consequentemente, as aplicações dos citómetros de fluxo continuam a crescer. Para além das aplicações tradicionais de imunologia e patologia que envolvem partículas como linfócitos, macrófagos, monócitos e células tumorais, os citómetros de fluxo são amplamente utilizados em conjunto com repórteres proteicos baseados na fluorescência, como a proteína verde fluorescente (GFP). Neste domínio, os citómetros de fluxo podem monitorizar a eficiência da transfecção e os níveis de expressão da proteína **(Mao *et al.*, 2001; Rosen *et al.*, 2002).** Podem também detetar a transferência de energia por ressonância de fluorescência (FRET), que fornece informações sobre as interações moleculares, a estrutura das proteínas e a sequência do ADN **(Roncarati** et ***al.*, 2002; Scheinfeld** et ***al.*, 2002).** A utilização de citómetros de fluxo para o rastreio de bibliotecas combinatórias baseadas em células ou esferas é cada vez mais interessante **(Daugherty** et ***al.*, 2000).**

Cada vez mais, os ensaios de citometria de fluxo são utilizados para detetar moléculas que se ligam a uma proteína-alvo *in vitro* ou que apresentam uma atividade específica num ensaio celular. A citometria de fluxo também permite o rastreio de bibliotecas de proteínas expressas em células ou apresentadas à superfície de bactérias ou esferas. Um citómetro de fluxo pode, por exemplo, detetar a modulação de uma via de transdução de sinal por uma pequena molécula específica e identificar proteínas com uma determinada especificidade de ligação, atividade enzimática, nível de expressão e estabilidade. Em qualquer aplicação, as células que exibem os perfis de atividade desejados podem ser separadas em tubos de ensaio, placas com vários poços ou lâminas de microscópio **(Lorens *et al.*, 2000; Wentzel *et al.*, 2001).**

Com taxas de pureza superiores a 99%, estas partículas selecionadas estão então disponíveis para estudos posteriores, como a análise PCR ou a hibridação *in situ*, e as células são totalmente funcionais para cultura ex *vivo* a longo prazo, expansão, transplante ou outras aplicações subsequentes **(Battye** et ***al.*, 2000).** Os esforços de desenvolvimento em curso na indústria da citometria de fluxo têm como objetivo a automatização e a integração laboratorial. A robótica de entrada/saída, o funcionamento por botões e a preparação automatizada de amostras aumentarão as taxas de produção e tornarão a tecnologia mais acessível a uma base de utilizadores mais vasta, à medida que novos corantes fluorescentes e abordagens criativas de rastreio expandem as aplicações para a área proteómica. Eventualmente, os avanços a nível do software permitirão interligar os instrumentos em sistemas analíticos e de diagnóstico abrangentes, e a indústria poderá associar a sua tecnologia à imagiologia e à microfluídica **(Shapiro, 2003)**. Em instrumentos com capacidade de triagem, à medida que cada célula é caracterizada, pode ser separada da população principal por deflexão eletrostática das gotículas **(Figura 1-3).**

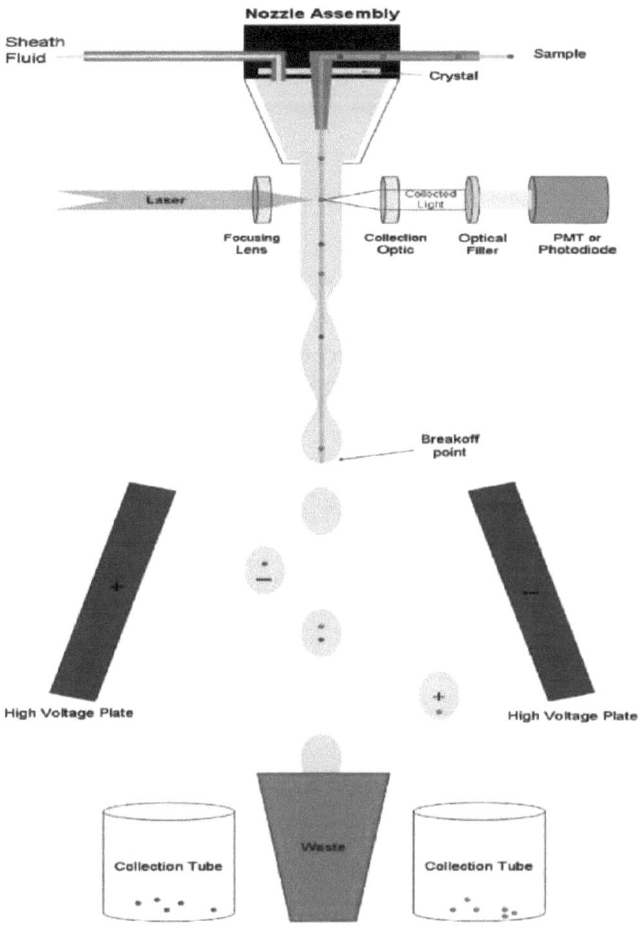

Figura (1-3): Funcionamento do citómetro de fluxo de triagem activada por fluorescência. (Shapiro, 2003).

1.2.8.2.8 *Deteção molecular de agentes patogénicos da sépsis neonatal*

A análise da reação em cadeia da polimerase (PCR) baseia-se no facto de o gene 16S rRNA específico das bactérias ser altamente conservado em todos os genomas bacterianos, pelo que pode ser útil para a identificação de bactérias em amostras clínicas. A amplificação orientada para este gene 16S rRNA é uma ferramenta clínica potencialmente valiosa em amostras com baixo número de cópias de ADN bacteriano, uma vez que este gene está presente em 1 a mais de 10 cópias em todos os genomas bacterianos. O gene tem também várias regiões divergentes aninhadas no seu interior, pelo que a PCR pode ser orientada para a deteção específica de espécies de bactérias em amostras clínicas. Esta tecnologia também foi relatada como sendo um método muito sensível

(100%) e rápido para a deteção de potenciais agentes patogénicos no líquido amniótico, normalmente envolvidos na patogénese do parto pré-termo e em resultados neonatais adversos **(Maiwald, 2004; Esparcia *et al.*, 2011).**

No entanto, o desempenho da análise PCR de largo espetro a um nível de elevada sensibilidade analítica é complexo e continua a ser uma das aplicações PCR mais difíceis nos laboratórios de diagnóstico. Por exemplo, como a amplificação do gene 16S rRNA visa todas as espécies bacterianas, pequenas quantidades de ADN residual inerente presente nos reagentes podem ser co-amplificadas, resultando em falsos positivos. Os métodos para a remoção de potenciais contaminações de fundo incluem a irradiação gama com luz UV de onda longa, a digestão com DNase e endonuclease de restrição, a ultrafiltração e polimerases de ADN baixas.

No entanto, muitos destes métodos resultam numa sensibilidade reduzida na deteção do ADN alvo, com um intervalo de limite de deteção de 10 -10^{34} cópias/ml, o que não é ideal para o diagnóstico da sépsis em contextos clínicos. Verificou-se que uma combinação de cultura pré-PCR com a utilização de AmpliTaq Low DNA atinge um nível aceitável de sensibilidade (5-50 cópias/ml num tempo de resposta de oito horas) para a amplificação em tempo real de bactérias em amostras de sangue, sem necessidade de remover qualquer contaminação inerente do ADN. A deteção por PCR não permite determinar o padrão de sensibilidade antimicrobiana do agente patogénico. A exclusão precoce da infeção bacteriana poderia ajudar a reduzir a utilização excessiva de antibióticos. Prevê-se que, a prazo, a PCR em tempo real combinada com a tecnologia de microarranjos de ADN permita não só a identificação do organismo, mas também o padrão de sensibilidade antimicrobiana, que é tão importante para os cuidados clínicos. Um estudo indiano revelou que a PCR é útil e superior à hemocultura para o diagnóstico precoce da sépsis em recém-nascidos, com uma sensibilidade de 100% e uma especificidade de 100%. Uma vez disponível na maioria dos centros terciários, a PCR pode ajudar no diagnóstico precoce e exato **(Straka** et al., **2004; Kasper** et al., **2013).**

1.2.8.2.9 Associação entre o Polimorfismo do Gene CD14/C-159T e o Risco de Sesis Neonatal

O recetor de reconhecimento de padrões CD 14 tem uma capacidade única de discriminar lipoglicanos não autónomos de agentes patogénicos infecciosos - em primeiro lugar, LPS - de autoglicanos não infecciosos. A nível molecular, o CD 14 actua transferindo o LPS e outros ligandos bacterianos da proteína de ligação ao LPS em circulação para o complexo de sinalização do recetor Toll-like 4/MD-2 **(Leung *et al.*, 2005; Klein *et al.*, 2003).**

O envolvimento deste complexo resulta na ativação de mecanismos de defesa inata do hospedeiro, como a libertação de citocinas inflamatórias, e na regulação positiva de moléculas coestimuladoras, fornecendo assim pistas que são essenciais para dirigir as respostas imunitárias adaptativas **(Jacque *et al.*, 2006; Zhao e Bracken, 2011).**

Embora *o CD14* exista como um gene de cópia única, a proteína CD14 encontra-se em duas formas distintas: uma molécula de membrana de 50 a 55 kDa ancorada ao glicosilfosfatidilinositol, o CD 14 de membrana (mCD14) expresso principalmente na superfície de monócitos/macrófagos e neutrófilos e uma forma solúvel sem a âncora de glicosilfosfatidilinositol. O CD 14 solúvel (sCD14) parece derivar de monócitos, bem como do fígado. Encontra-se no soro normal em concentrações de microgramas. Tanto o mCD14 como o sCD14 são essenciais para a transdução de sinal dependente de LPS. As células sensíveis ao LPS que não possuem mCD14, como as células endoteliais, as células epiteliais e os astrócitos, tornam-se sensíveis a baixas concentrações de LPS na presença de sCD14 **(Zhao e Bracken, 2011).**

A regulação da expressão do gene *CD14* parece ser importante em vários estados de doença. O aumento dos níveis séricos de sCD14 está associado a uma elevada mortalidade no choque sético por Gram-negativos. O gene CD 14 humano encontra-se no braço longo do cromossoma 5 (5q31.1). As moléculas antigénicas na superfície das bactérias Gram-positivas (peptidoglicanos e ácido lipoteicóico) e Gram-negativas (lipopolissacárido, LPS) podem ser detectadas por muitos receptores de reconhecimento de padrões que incluem os receptores Toll-like e CD 14, e o CD 14 liga-se à proteína de ligação ao LPS e às células apoptóticas **(Zhao e Bracken, 2011).**

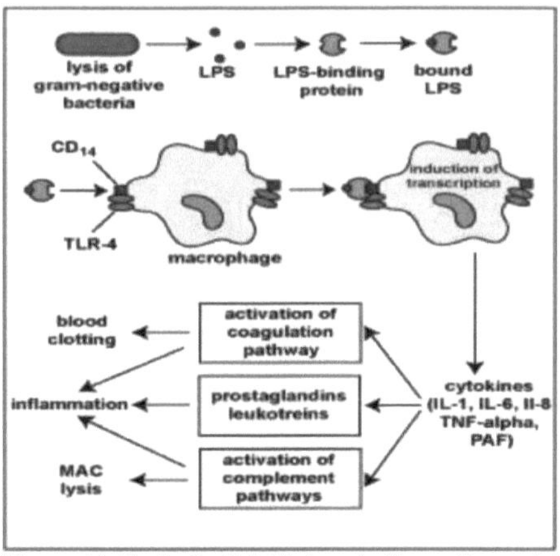

Figura (1-4): Ação fisiológica do lipopolissacárido (LPS) da parede celular das células Gram-negativas (Jeffrey e Henri, 2006).

1.2.9 *Avanços na prevenção*

1.2.9.1 Antes da entrega

A imunização materna é um método importante para fornecer anticorpos adequados aos recém-nascidos, logo após o parto. Esta abordagem, em comparação com outras abordagens, é menos sensível aos obstáculos no acesso à vacinação.

o sistema de saúde. Entre os exemplos de intervenções bem sucedidas contam-se as imunizações maternas contra o toxoide tetânico e a gripe. Estudos sobre a imunização materna com a vacina conjugada *contra S. agalactiae* tipo III demonstraram uma excelente transferência placentária e a persistência de níveis de proteção em bebés de 2 meses **(Healy e Baker, 2007).** Estão também a surgir resultados encorajadores de estudos sobre a imunização materna com vacinas conjugadas e polissacáridas pneumocócicas **(Vergnano *et al.,* 2005).** Todas as vacinas têm excelentes perfis de segurança. No entanto, os obstáculos à imunização materna incluem: questões de responsabilidade para os fabricantes de vacinas nos países desenvolvidos; educação do público e dos prestadores de cuidados de saúde relativamente aos benefícios da imunização materna; e fraca recolha de dados em países de baixo rendimento **(Healy e Baker, 2007).** O desenvolvimento de vacinas contra o estreptococo do grupo B (GBS) tem sido prometedor. As vacinas têm como alvo proteínas antigénicas de superfície conservadas, como a proteína Sip localizada na superfície celular, ou proteínas imunogénicas dos pili do GBS. Se for obtida uma resposta imunitária protetora, esta inibirá a adesão do GBS ao tecido do hospedeiro e evitará a migração transepitelial. Embora ainda não estejam disponíveis comercialmente, várias vacinas estão prestes a ser lançadas e espera-se que se revelem eficazes na diminuição das taxas de EOS e LOS causadas pelo GBS **(Melin, 2011).**

1.2.9.2 *Durante o trabalho de parto e o parto*

Existem fortes provas de que as práticas de parto limpo e a lavagem das mãos durante o parto reduzem as taxas de sépsis neonatal, tanto em casa como nas instalações de saúde **(Bhutta *et al.,* 2005).** As intervenções para melhorar as taxas de lavagem das mãos têm tido um êxito notável em contextos de investigação **(Bhutta *et al.,* 2005).** Novos estudos do Malawi e do Nepal indicam que as intervenções de antissepsia materna, como a clorexidina vaginal durante o trabalho de parto, podem ter um impacto significativo nas taxas de mortalidade neonatal e de sepsia nos países em desenvolvimento **(McClure *et al.,* 2007).** A profilaxia antibiótica intraparto tem sido altamente eficaz na redução da sepsia bacteriana neonatal precoce e da sepsia materna nos países desenvolvidos. Os factores de risco para a sépsis bacteriana neonatal de início precoce em contextos de baixos rendimentos são provavelmente semelhantes aos de contextos ricos em recursos, mas não foram avaliados no contexto de taxas elevadas de subnutrição materna, anemia, VIH e malária **(Ohlsson e Shah, 2009).**

1.2.9.3 . *Após a entrega*

Existem também fortes provas de que a lavagem das mãos pelos prestadores de cuidados de saúde após o parto pode reduzir as taxas de sepsia e infeção neonatal, especialmente nos hospitais **(Bhutta** et al., **2005).** A limpeza com clorexidina do coto umbilical demonstrou recentemente reduzir substancialmente as mortes neonatais no Nepal **(Mullany** et al., **2006).** Há provas emergentes de que as preparações de antissepsia da pele neonatal, como o óleo de semente de girassol, proporcionam uma proteção barata, segura e eficaz contra infecções nosocomiais em recém-nascidos pré-termo hospitalizados e bebés em estudos no Sul da Ásia. **(Mullany et *al.*, 2006).**

A imunização neonatal há muito que é considerada um método importante para reduzir as infecções neonatais. No entanto, a resposta varia de acordo com o antigénio **(Levy, 2007).** As vacinas **BCG,** poliomielite e hepatite B são altamente imunogénicas quando administradas ao nascimento **(Siegrist, 2003).** No entanto, os anticorpos maternos interferem na resposta do recém-nascido à vacina contra o sarampo quando administrada com menos de seis meses de idade. As vacinas com antigénios proteicos (por exemplo, toxoide da tosse convulsa e do tétano) administradas à nascença, demonstraram produzir respostas fracas em comparação com o mesmo antigénio administrado aos dois meses de idade, e estão associadas a uma tolerância posterior **(Siegrist, 2003).**

Estudos também indicam que as vacinas contra S. *agalactiae* e *Streptococcus pneumoniae* são provavelmente ineficazes quando administradas no período neonatal **(Levy, 2007).** O leite materno contém IgA secretora, lisozimas, glóbulos brancos e lactoferrina, e foi demonstrado que estimula o crescimento de lactobacilos saudáveis e reduz o crescimento de *E. coli* e outras bactérias patogénicas Gram-negativas **(Levy, 2007).**

Os ensaios de suplementação de micronutrientes neonatais têm-se centrado na suplementação com vitamina A. Estudos mais antigos mostraram reduções significativas nas doenças respiratórias em bebés com baixo peso à nascença após a administração de vitamina A parentérica **(Darlow e Graham, 2007).** Mais recentemente, ensaios de suplementação de vitamina A em recém-nascidos mostraram reduções encorajadoras na mortalidade neonatal, e estão a decorrer mais ensaios **(Gogia e Sachdev, 2009).**

CAPÍTULO 2

Materiais e métodos

2.1. Doentes

2.1.1. Conceção do estudo

Este estudo prospetivo foi realizado em 75 recém-nascidos que foram admitidos no Maternity and Childhood Teaching Hospital na Unidade de Cuidados Intensivos Neonatais (UCIN) na cidade de AL-Diwaniya, e 75 recém-nascidos saudáveis como (grupo de controlo) no período de 1st de abril a final de dezembro de 2015. Foram avaliados para a sépsis neonatal com testes de despistagem da sépsis, hemocultura, análise de citometria de fluxo, teste de procalcitonina e submetidos à técnica baseada em PCR para o polimorfismo do gene CD 14. Os membros de todos os grupos foram informados e instruídos sobre os objectivos do estudo e a sua aceitação verbal foi obtida antes da recolha de amostras.

2.1.2. Critérios de seleção dos sujeitos

2.1.3. 2.1. Critérios de inclusão:

1. Foram incluídos neste estudo recém-nascidos de ambos os sexos.
2. Qualquer caso suspeito de sépsis neonatal com factores de risco maternos para a sépsis, por exemplo trabalho de parto prolongado, rotura prematura de membranas (RPM) ou RPM prolongada >18 horas, febre materna intraparto, infeção do trato urinário, corioamnionite e sinais clínicos relacionados com a sépsis: (instabilidade da temperatura, apneia, necessidade de oxigénio suplementar, bradicardia, taquicardia, hipotensão/hipoperfusão, intolerância alimentar, distensão abdominal). Inicialmente, a pontuação de Apgar foi utilizada para indicar o estado do bebé no primeiro e no quinto minutos após o nascimento, que inclui (aparência, frequência cardíaca, tónus muscular, esforço respiratório).

1.1.1.2. Critérios de exclusão:

Houve administração de terapia antibiótica antes da admissão, asfixia de nascimento, doença da membrana hialina, enterocolite necrosante documentada (NEC), síndromes de aspiração, achados laboratoriais sugestivos de erro inato do metabolismo, bebé de mãe diabética e anomalias congénitas, incluindo doença cardíaca congénita.

1.1.3. Avaliação clínica dos pacientes

Os critérios clínicos considerados como indicativos de sépsis foram

I. Fator de risco materno, como febre, rutura prolongada da membrana amniótica >24 horas.

II. Antecedentes neonatais: baixo peso à nascença (<2500 gramas), parto prematuro (<37 semanas) e recém-nascidos de termo.

III. Sinais e sintomas de sépsis: intolerância alimentar, letargia, instabilidade da temperatura, apneia, dificuldade respiratória, má perfusão, convulsões, taquipneia, bradicardia, distensão abdominal ou vómitos.

Os recém-nascidos que apresentassem quaisquer caraterísticas de **I e II** associadas a dois ou mais sintomas clínicos de sépsis justificariam um rastreio sético ***(Lachowska & Gajewska, 2004).***

1.1.4. Recolha de amostras:

Foram colhidas amostras de sangue dos recém-nascidos incluídos no presente estudo por punção venosa. Foi colhido um total de 5 mililitros de sangue de forma asséptica, utilizando o seguinte procedimento: Foram usadas luvas e os locais de extração foram esfregados num movimento circular expansivo, primeiro com álcool isopropílico a 70%, que se deixou secar, e depois com tintura de iodo (iodo em álcool), que se deixou secar antes da inserção da agulha ***(Barenfanger, 2004).***

Antes do início da terapêutica antibiótica em bebés com suspeita de sépsis, foram obtidas amostras de sangue para hemocultura (1 ml), análise de citometria de fluxo (1 ml), medições de PCT (2 ml) e polimorfismo genético (1 ml) por punção venosa periférica. O desenho do estudo é ilustrado no fluxograma abaixo, **figura (2-1).**

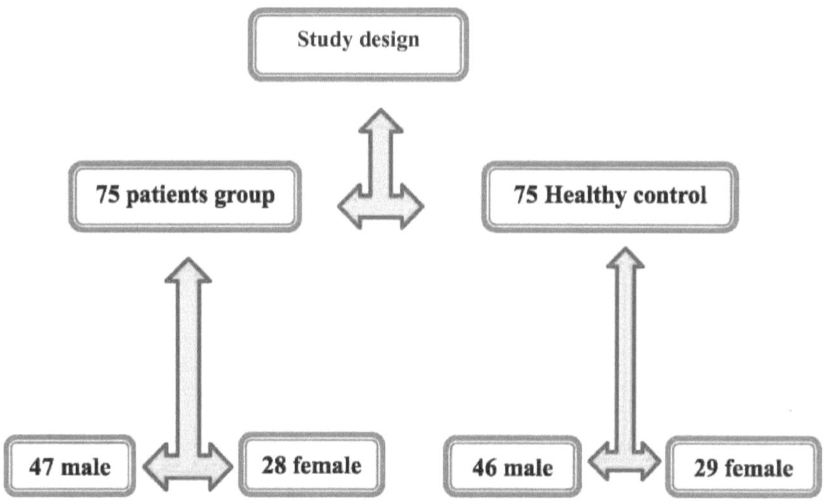

Figura (2-1): Um fluxograma que ilustra o desenho do estudo.

Todos os candidatos a doentes foram avaliados e diagnosticados por pediatras consultores e o diagnóstico de sépsis neonatal foi estabelecido de acordo com os critérios de rastreio da sépsis. A recolha de amostras é ilustrada no fluxograma abaixo, **figura (2-2).**

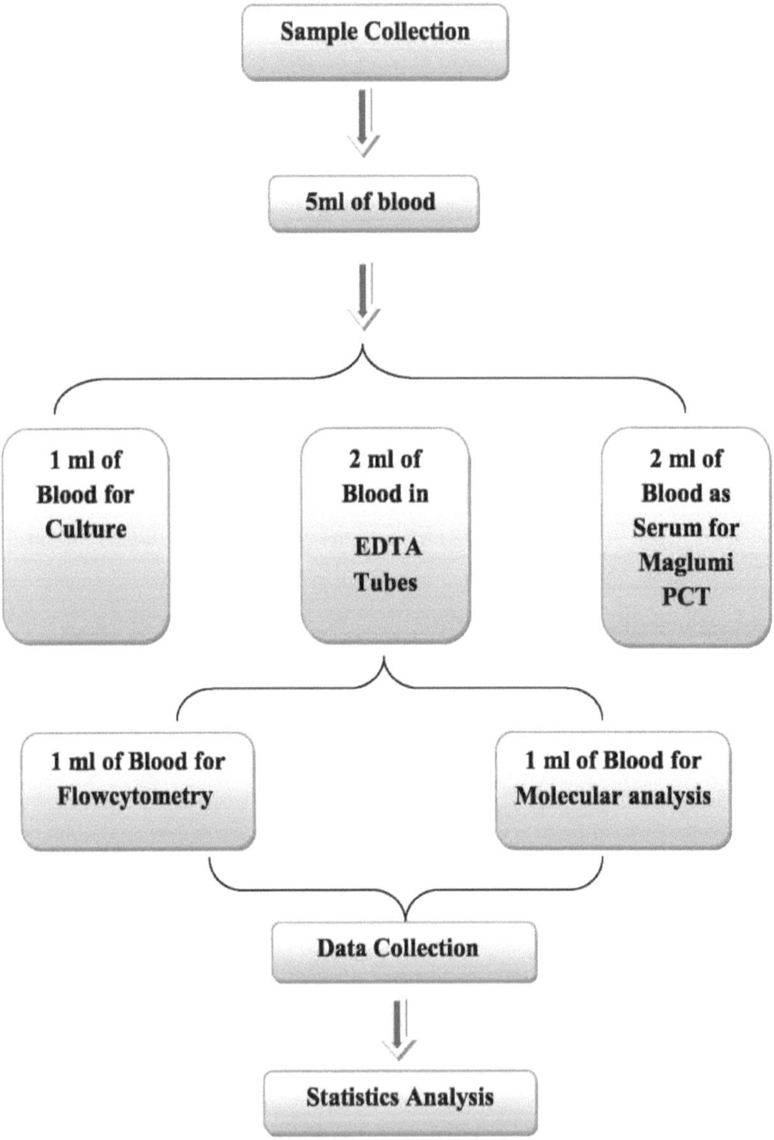

Figura (2-2): Um fluxograma que ilustra a recolha de amostras.

As amostras de sangue foram imediatamente transportadas para o laboratório, tendo sido processadas à chegada; as amostras de sangue foram inoculadas imediata e assepticamente num frasco de cultura de sangue, o soro foi obtido a partir do sangue por coagulação e depois centrifugado e armazenado a -20°C para a estimativa da (PCT), o resto da amostra de sangue foi colhido em 2 tubos contendo EDTA, um para detetar a expressão de CD64 nos neutrófilos e CD69 nos linfócitos por citometria de fluxo e o outro para técnicas de PCR para análise do *SNP* do gene *CD14 / C-159T*, Finalmente, de acordo com os sintomas clínicos de sépsis, resultados microbiológicos e laboratoriais, os recém-nascidos foram classificados em três grupos: ***Grupo I: Sépsis comprovada***

Consistia em 30 recém-nascidos (8 de termo e 22 pré-termo) com sinais clínicos óbvios de infeção e hemocultura bacteriana positiva. A sua idade gestacional variou entre (36-39 semanas), a sua idade variou entre (1-28 dias), o seu peso variou entre (1-3,5 kg), o seu sexo é 19 do sexo masculino, 11 do sexo feminino. 12 deles tiveram um parto por cesariana e 18 tiveram um parto vaginal normal.

Grupo II: Sepsis provável

Foram incluídos 45 recém-nascidos (14 de termo e 31 pré-termo) com cultura bacteriana negativa, mas com três ou mais sinais clínicos de infeção, tais como febre, instabilidade da temperatura, taquicardia, taquipneia, distensão abdominal, dificuldade respiratória, convulsões, apneia, cianose, oligúria, hemorragia gastrointestinal ou petéquias.

A idade gestacional variou entre (36-39 semanas), a idade variou entre (1-28 dias), o peso variou entre (1- 3,5 kg), 28 eram do sexo masculino e 17 do sexo feminino, 25 deles nasceram de parto vaginal normal e 20 de cesariana.

Grupo III: Grupo de controlo

Foram incluídos neste estudo 75 recém-nascidos como grupo de controlo durante a sua participação na avaliação de rotina habitual, todos considerados recém-nascidos saudáveis com idade gestacional, idade e peso equivalentes aos do grupo de controlo (29 do sexo feminino e 46 do sexo masculino). Estes recém-nascidos estavam a ser investigados devido à suspeita de diferentes doenças, mas todos apresentavam resultados normais e não foi detectada qualquer doença posteriormente.

2.2. Materiais

2.2.1. Equipamentos e instrumentos

Tabela (2-1): Instrumentos e equipamentos com as respetivas observações.

Equipment & Instrument	Company
Autoclave	Tuttnauer (USA)
Digital camera	Samsung/ china
Disposable syringe 5 ml	Sterile EO. / China
Eppendorf tubes	Biobasic/ Canada
Exispin centrifuge	Bioneer/ Korea
Flowcytometry	Partec /Germany
Gel electrophoresis	Bioneer/ Korea
High Speed Cold centrifuge	Eppendorf /Germany
Incubator	Mammert/Germany
Maglumi 800	Snibe/UK
Micropipettes 5-50, 0.5-10, 100-1000µl	CYAN/ Belgium
Oven	Mammert/Germany
Refrigerator	Concord /Lebanon
Sensitive Balance	Sartorius/Germany
Sterile test tube	Superestar/ India
Thermocycler PCR	Mygene /Bioneer
UV Transilluminator	ATTA/ Korea
Vortex	CYAN/ Belgium
Water Bath	Mammert/Germany

2.2.2. *Reagentes e corantes*

Tabela (2-2): Os reagentes e corantes utilizados neste trabalho com o fabricante Empresa e país

Reagents	Company
API- 20E	(BioMérieux- France)
API- staph	(BioMérieux- France)
Gram stain kit	(HiMedia- India)
Hydrogen peroxide (3% H2O2)	(HiMedia- India)
Oxidase discs	(HiMedia- India)

2.2.3. Meios de cultura

Tabela (2-3): Os meios de cultura utilizados neste trabalho com o fabricante Empresa e país

Culture Media	Company
Blood agar	(HiMedia- India)
Blood culture bottles(BHI)	(HiMedia- India)
Chocolate agar	(HiMedia- India)
MacConkey agar	(HiMedia- India)
Manitol Salt agar	(HiMedia- India)

2.3. Métodos

2.3.1. Testes hematológicos

Os valores anormais destes testes (contagem de glóbulos brancos < 4000 ou > 15000 mm, neutrófilos < 1000 mm) foram considerados como suporte para o diagnóstico de sépsis ***(Philip e Hewitt, 2000).***

2.3.2. Cultura de sangue

Foi obtido um total de 1 ml de sangue de dois locais diferentes de recém-nascidos selecionados com suspeita de septicemia por punção venosa em condições estéreis, cada 0,5 ml. De sangue inoculado imediatamente em 60 ml de caldo de infusão cérebro-coração (BHI) contendo 0,05% de polianetol sulfonato de sódio. O diafragma de borracha do frasco de cultura foi igualmente esfregado com solução de iodopovidona antes da inserção da agulha. As culturas para bactérias aeróbias foram incubadas a 37°C durante 7 dias em condições aeróbias, e inspeccionadas visualmente todas as manhãs. As subculturas foram efectuadas 24 horas após a inoculação, a segunda no terceiro dia e uma última no sétimo dia. As amostras foram retiradas de cada frasco de cultura de forma asséptica com uma seringa estéril de 1 ml e uma gota foi subcultivada em placas de ágar-sangue a 5%, ágar-chocolate e ágar MacConkey, que foram depois incubadas a 37°C durante 24 horas. Uma placa de ágar sangue, juntamente com o ágar chocolate, foi incubada em 5%CO **2** ***(Vandepitte, et.al. 2003).***

Após 18 horas, as placas foram observadas quanto ao crescimento e as colónias foram processadas de acordo com os procedimentos microbiológicos padrão. ***(Bailey & Scott's, 2007; Mackie & McCartney, 2007).***

O crescimento foi identificado através das caraterísticas das colónias, da coloração de Gram e de testes bioquímicos normalizados em Bailey and scott's Diagnostic Microbiology. Dependendo do exame microscópico, os organismos foram divididos em organismos gram positivos e gram negativos, sendo posteriormente investigados pelo kit Api staph ou pelo kit Api 20 e por testes bioquímicos em conformidade. As culturas que não produziram qualquer crescimento após três subculturas foram consideradas negativas ao fim de 7 dias.

2.3.3. Teste serológico

- ***Kit Maglumi PCT (CLIA)***

O kit foi concebido para a determinação quantitativa da procalcitonina (PCT) no soro, plasma e sangue total humanos. O método pode ser utilizado para amostras no intervalo de 0,13-100,0ng/ml. O teste tem de ser efectuado no analisador de imunoensaio de quimioluminescência (CLIA) totalmente automático Maglumi (incluindo Maglumi 600, Maglumi 1000, Maglumi 1000 Plus, Maglumi 2000, Maglumi 2000 Plus, Maglumi 3000 e Maglumi 4000).

- ***Princípio do teste***

Ensaio imunoluminométrico em sanduíche:

Utilizar um anticorpo monoclonal anti-PCT para marcar o N-4-aminobutl-N-etilisoluminol (ABEI) e utilizar outro anticorpo monoclonal para marcar as microesferas magnéticas. Misturar bem a amostra, o calibrador ou o controlo com o marcador ABEI e as microesferas magnéticas revestidas com o anticorpo monoclonal e incubar a 37 °C para formar uma sanduíche, procedendo depois a uma lavagem cíclica durante 1 vez. Em seguida, adicionam-se os reagentes de arranque e inicia-se uma reação quimioluminescente instantânea. O sinal luminoso é medido por um fotomultiplicador como unidade de luz relativa (RLU) no espaço de 3 segundos e é proporcional à concentração de PCT presente nas amostras.

- Componentes do kit (material de consumo)

Tabela (2-4): Kit Maglumi PCT (CLIA) utilizado neste estudo:

Reagent Integral for 100 Determinations	
10.5ml	**ABEI Label:** anti-PCT monoclonal antibody labeled ABEI, contains BSA, 0.2%NaN3
2.5ml	**Calibrator High:** bovine serum, 0.2%NaN3
2.5ml	**Calibrator Low:** bovine serum, 0.2%NaN3
25 ml	**Diluent:** buffer, contains BSA, 0.2%NaN3
2.5ml	**Nano magnetic microbeads:** TRIS buffer, 1.2% (W/V), 0.2%NaN3, coated with anti-PCT monoclonal antibody.
All reagents are provided ready-to-use.	
Reagent Vials in kit box : Internal Quality Control	
2.0ml	**Level 1:** containing BSA, 0.2%NaN3
2.0ml	**Level 2:** containing BSA, 0.2%NaN3
Target value refer to Quality Control Information date sheet	

O controlo de qualidade interno só é aplicável com o sistema Maglumi.

As instruções de utilização e o valor-alvo constam da folha de dados das Informações de Controlo de Qualidade. O utilizador deve avaliar os resultados com base nos seus próprios padrões e conhecimentos.

- ***Procedimento de ensaio***

Para garantir o desempenho correto do teste, cumpra rigorosamente as instruções de funcionamento do analisador de imunoensaio de quimioluminescência (CLIA) totalmente automático Maglumi. Cada parâmetro de teste é identificado através de uma etiqueta RFID no Reagente Integral. Para mais informações, consulte o Manual de Instruções do analisador CLIA (Fully-auto chemiluminescence immunoassay) Maglumi.

40µl	Sample, calibrator
+80µl	ABEI Label
+20µl	Nano magnetic microbeads
15 min	Incubation
400µl	Cycle washing
3s	Measurement

- ***Cálculo dos resultados***

O analisador calcula automaticamente a concentração de PCT em cada amostra através de uma curva de calibração gerada por um procedimento de curva principal de calibração de 2 pontos. Os resultados são expressos em ng/ml. Para mais informações, consultar o manual de instruções do analisador CLIA (Fully-auto chemiluminescence immunoassay) Maglumi.

Valores de referência:

Soro e plasma: <0,5 ng/ml

Sangue total: <1,0 ng/ml

Os resultados podem diferir entre laboratórios devido a variações na população e no método de ensaio. Se necessário, cada laboratório deve estabelecer o seu próprio intervalo de referência.

2.3.4. Citometria de fluxo

A análise citométrica de fluxo foi efectuada para a deteção de neutrófilos CD64 e linfócitos CD69 de acordo com **(Bain, 2010).** Um ml de sangue tratado com EDTA foi processado de fresco e analisado por citometria de fluxo no prazo de 24 horas, de acordo com o manual do kit.

2.3.4.1. Reagentes dos kits CD64 e CD69 (Becton-Dickinson - EUA):

200 testes constituídos por:

- Reagente A (fixação de leucócitos) 25 ml
- Reagente B (lise de eritrócitos) *500ml*
- Testes PE de ratinho anti-humano CD69100/20 ul
- FITC Rato Anti-Humano CD64 100 testes/20 ul

2.3.4.2. Procedimento de citometria de fluxo:

- **Marcação com anticorpos:** As amostras de sangue foram então liquidificadas em tubos necessários (código n.º 04-2000) de 100 ul cada e coradas com 20 ul de uma combinação adequada de anticorpos monoclonais para marcadores de membrana **(FITC** CD64 de ratinho anti-humano e **PE** CD69 de ratinho anti-humano) (Becton Dickinson Pharmingen, EUA).
- Misturar bem. Incubar durante 15 minutos no escuro à temperatura ambiente.
- **Fixação de leucócitos:** Adicionam-se 100 ul do **reagente A (fixação de leucócitos)**, misturam-se bem e incubam-se durante 10 minutos no escuro.
- **Lise de eritrócitos:** Adicionar 2,5 ml do **reagente B (lise de eritrócitos)**, agitar suavemente e incubar durante 20 minutos no escuro.
- **Análise:** A amostra foi analisada no citómetro de fluxo (Partec, Cylyse, Alemanha).

-A fenotipagem de neutrófilos e linfócitos foi efectuada por gating de acordo com o histograma de dispersão frontal FSC (tamanho) e dispersão lateral SSC (granularidade).

-Os resultados foram expressos como percentagens de células positivas para CD64 e CD69.

-Os neutrófilos foram selecionados eletronicamente com base nas suas caraterísticas de dispersão lateral e direta e foram analisadas 10.000 células em cada amostra. Os resultados foram expressos em percentagem de células positivas. Considerando a percentagem de ≥ 20% como resultado positivo e a percentagem de < 20% como resultado negativo, de acordo com **(Bain, 2010).**

2.3.5. Análise molecular do polimorfismo do gene CD14/C-159T

2.3.5.1 Kits

Tabela (2-5): Os kits Utilizados neste Estudo com as respetivas Empresas e Países de Origem, Reagente Integral para 192 Reações.

Kit		Company	Country
AccuPrep®Genomic DNA extraction kit		**Bioneer**	**Korea**
Binding buffer (GC)	25ml x 2		
Binding column	100 x2 pack		
Collection 2ml tube	100 x2 pack		
Elution buffer(EL)	30 ml x2		
Proteinase K 25 mg	25 ml x2		
Wash buffer 1(W1)	40 ml x2		
Wash buffer 2(W2)	20 ml x2		
dNTPs (dATP, dCTP, dGTP, dTTP)	250 µM		
KCl	30 mM		
$MgCl_2$	1.5 mM		
Tris-HCl pH 9.0	10 mM		
Taq DNA polymerase	1 U		
Stabilizer and Tracking dye			

2.3.5.2 Primários

O polimorfismo CD 14/ C-159T utilizado neste estudo foi efectuado de acordo com (Baladini *et* al., 1999) e estes primers foram fornecidos pela (Bioneer company, Coreia), de acordo com as tabelas seguintes:

Tabela (2-6): Os primers de PCR com a sua sequência e tamanho do amplicon

Primer	Sequence	Amplicon

P1 primer	F	5' GTGCCAACAGATGAGGTTCAC 3'	497bp
	R	5' CCTCTGTGAACCCTGATCAC 3'	
P2 primer	F	5' CCTGAAACATCCTTCATTGC 3'	442bp
	R	5' CGCAGCGGAAATCTTCATC 3'	

2.3.5.3 Enzima de restrição

Tabela (2-7): As enzimas de restrição foram utilizadas no ensaio RFLP-PCR com a respectiva empresa e país de origem

Restriction enzymes	Target gene	Company/Country
AVAII	CD14	Biolabs/ U.K

2.3.5.4 Marcadores de peso molecular

O marcador de peso molecular utilizado neste trabalho, a sua descrição e origem são apresentados na tabela (2-8) abaixo:

Tabela (2-8): Marcador de peso molecular e respetivas observações

DNA Ladder	Description	Source
100 bp	100-2000 base pairs. The ladder consists of 13 double strand DNA fragment with size of 100, 200, 300, 400, 500, 600, 700, 800, 900, 1000,1200, 1600,2000. The 500,1000,1200 bp present at triple the intensity of other fragments and serve as a reference. All other fragments appear with equal intensity on gel.	Bioneer (Korea)

2.3.5.5. Produtos químicos

Tabela (2-9): Todos os materiais químicos utilizados neste projeto com a respectiva empresa e país de origem

Chemical	Company and Origin
Absolute Ethanol	Scharlau (Spain)
Agarose	BioBasic (Canada)
Ehidium Bromide	BioBasic (Canada)
Free nuclease water	Bioneer (Korea)
Isopropanol	Lobachemie/ India
TBE buffer	BioBasic (Canada)

2.3.5.6. Preparação da solução

Todas as soluções e tampões foram preparados de acordo com **Su** *et al.*, **(2008).**

A. TBE (IX) Tampão:

Esta solução foi preparada misturando 10 ml de tampão TBE-1 OX de reserva com 90 ml de água destilada, sendo depois armazenada a 4°C até ser utilizada na eletroforese.

B. Corante de carga de ADN:

Este tampão foi preparado dissolvendo e misturando 40 g de sacarose e 0,25 g de azul de bromofenol em 100 ml de água destilada esterilizada e depois armazenado num frasco esterilizado à temperatura ambiente até ser utilizado na eletroforese.

C. Solução de brometo de etídio (0,5 %):

Esta solução foi preparada dissolvendo 0,25 g de corante de brometo de etídio em 50 ml de água destilada esterilizada, armazenada num frasco esterilizado, com uma concentração final de 0,5 mg / ml. Foi utilizada na eletroforese como corante específico do ADN.

2.3.5.7. Extração de ADN genómico

O ADN genómico foi extraído do sangue congelado de 75 doentes com sépsis neonatal e de 75 amostras de controlo saudáveis utilizando o kit de extração de ADN genómico AccuPrep® (Bioneer. Coreia), de acordo com as instruções da empresa, nos passos seguintes:

1. Uma amostra de 200µl de sangue congelado foi transferida para um tubo de microcentrífuga estéril de 1,5ml e, em seguida, adicionámos 20µl de proteinase K, misturámos em vórtex e incubámos a 60°C durante 10 minutos.
2. Depois disso, foram adicionados 200µl de tampão de ligação (tampão GC) a todas as amostras dos tubos e misturados bem por vórtex para obter a máxima eficiência de lise e, em seguida, todos os tubos foram incubados a 60°C durante 10 minutos.
3. Adicionou-se 100 µl de isopropanol à mistura e misturou-se bem por pipetagem e, em seguida, o lisado foi cuidadosamente transferido para a coluna de filtro de ligação (GD) que se encaixava num tubo de recolha de 2 ml e, em seguida, fechou os tubos e centrifugou a 8000 rpm durante 1 minuto.
4. Os lisados de todas as amostras foram eliminados num frasco de eliminação e, em seguida, foram adicionados 500 µl de tampão de lavagem 1 (Wl) a cada coluna de filtro de ligação e centrifugados a 8000 rpm durante 1 minuto.
5. O tampão de lavagem 1 foi rejeitado no frasco de eliminação e, em seguida, foram adicionados 500µl de tampão de lavagem 2 (W2) a cada coluna de filtração de ligação e centrifugado a 8000 rpm durante 1 minuto.
6. O tampão de lavagem 2 foi descartado no frasco de eliminação e, em seguida, os tubos foram centrifugados mais uma vez a 12000 rpm durante 1 minuto para remover completamente o etanol.
7. Em seguida, a coluna de filtro de ligação GD que continha ADN genómico foi transferida para um tubo de microcentrifugação estéril de 1,5 ml e, em seguida, foram adicionados 50 µl de tampão de eluição e deixados em repouso nos tubos durante 3 minutos à temperatura ambiente até o tampão ser completamente absorvido pelo filtro de ligação para eluição do ADN extraído.
8. Finalmente, todos os tubos foram centrifugados a 8000 rpm durante 1 minuto para eluir o ADN e armazenados a -20°C no congelador até serem utilizados.

2.3.5.8. Determinação da concentração e pureza do ADN

O ADN genómico do sangue extraído foi verificado utilizando o espetrofotómetro Nanodrop (THERMO. EUA), que mediu a concentração de ADN (ng/µL) e verificou a pureza do ADN através da leitura da absorvância a (260 /280 nm), de acordo com os passos seguintes:

1. Depois de abrir o software Nanodrop, selecionar a aplicação adequada (ácido nucleico, ADN).
2. Pegou-se num toalhete químico seco e limpou-se várias vezes os pedestais de medição. Em seguida, pipetar cuidadosamente 2 µl de água livre de nuclease na superfície dos pedestais de medição inferiores para o branco do sistema.
3. O braço de amostragem foi baixado e clicando em OK para inicializar o Nanodrop, limpando depois os pedestais e adicionando 1µl de ADN genómico do sangue para medição.

2.3.5.9. Polimorfismo de Comprimento de Fragmento de Restrição por Reação em Cadeia da Polimerase

Foi realizada a técnica de PCR-RFLP para a deteção do genótipo em amostras de doentes com sépsis neonatal com polimorfismo CD14/C-159T, bem como em amostras de sangue saudável como grupos de controlo. Os métodos foram executados de acordo com o método descrito por (**Sharaf *et al.*, 2010**), respetivamente, nos seguintes passos:

2.3.5.9.1. Amplificação por Reação em Cadeia da Polimerase

A abordagem convencional de PCR foi efectuada para amplificar o ADN alvo. A mistura principal de PCR foi preparada para a deteção do gene *CD14* utilizando (AccuPower PCR PreMix Kit, Bioneer / Coreia) dois primers sobrepostos da região Pl e P2 e esta mistura principal foi efectuada de acordo com as instruções da empresa, como indicado no quadro (2-10).

Tabela (2-10): Componente da mistura principal de PCR utilizada num estudo.

PCR Master mix	Volume
DNA template	5µl
P1 or P2 Forward primer (10pmol)	1µl
P1 or P2 Reveres primer (10pmol)	1µl
PCR water	13µl
Total volume	20µl

Em seguida, estes componentes da mistura principal de PCR acima mencionados foram colocados no kit AccuPower PCR PreMix, que contém todos os outros componentes necessários para a reação de PCR, tais como (Taq DNA polimerase, dNTPs, Tris-HCl pH: 9,0, KC1, estabilizador MgCfystabilizer e corante de rastreio). Em seguida, todos os tubos de PCR foram transferidos para uma centrifugadora Exispin vortex a 3000 rpm durante 3 minutos. Em seguida, foram colocados num termociclador de PCR (Mygene. Coreia).

2.3.5.9.2. Programa de termociclador de polimorfismo de comprimento de fragmentos de restrição por reação em cadeia da polimerase

O programa de termociclagem da PCR foi efectuado para cada gene de forma independente, utilizando o termociclador PCR Mygene /Korea, como indicado nos quadros (2-11).

Tabela (2-11): Programa de termociclagem da reação em cadeia da polimerase utilizado num estudo

PCR step	Temp.	Time	repeat
Initial denaturation	96°C	3min.	1
Denaturation	96°C	40 sec.	38cycle
Annealing	56°C-P1 58°C-P2	40 sec.	
Extension	72°C	50 sec.	
Final extension	72°C	10 min	1
Hold	4°C	Forever	-

2.3.5.9.3. Análise de produtos de reação em cadeia da polimerase

Os produtos da PCR foram analisados por eletroforese em gel de agarose, seguindo os passos seguintes:

1- O gel de agarose a 1% foi preparado utilizando IX TBE e dissolvido em banho-maria a 100 °C durante 15 minutos, após o que foi deixado arrefecer a 50 °C.

2- Em seguida, foram adicionados 3µL de corante de brometo de etídio à solução de gel de agarose.

3- A solução de gel de agarose foi vertida no tabuleiro depois de se ter fixado o pente na posição correta; em seguida, deixou-se solidificar durante 15 minutos à temperatura ambiente; depois, o pente foi retirado suavemente do tabuleiro e foram adicionados 10 µl de produto PCR a cada poço do pente depois de misturado com azul de bromofenol na proporção de 3:1 e 5 ul de (lOObp Ladder) num poço.

4- O tabuleiro de gel foi fixado na câmara de eletroforese e preenchido com tampão TBE IX. Em seguida, a corrente eléctrica foi aplicada a 100 volts e 80 AM durante I hora.

5- Os produtos da PCR foram visualizados utilizando um transiluminador UV.

2.3.5.9.4. Preparação da Master Mix para a Reação em Cadeia da Polimerase - Comprimento dos Fragmentos de Restrição

A mistura principal de PCR-REFLP foi preparada para o gene CD 14 utilizando a enzima de restrição AVAII no sítio de restrição (G_G (A, T) CC) e esta mistura principal foi efectuada de forma independente, de acordo com as instruções da empresa, como indicado na tabela (2-12).

Tabela (2-12): Mistura principal da reação em cadeia da polimerase - comprimento do fragmento de restrição utilizada num estudo

REFLP-PCR Master mix	Volume
AVAII (10 unit)	1 µl
Free nuclease water	7 µl
PCR product	10µl
Restriction enzyme buffer 10X	2 µl
Total volume	20 µl

Em seguida, esta mistura principal foi colocada numa centrífuga Exispin vortex a 3000rpm durante 2 minutos, sendo depois transferida para incubação a 37°C durante um minuto. Depois disso, a enzima de restrição AVAII foi inactivada a 80°C durante 20 minutos. Em seguida, o produto PCR-RFLP foi analisado pelos métodos de eletroforese em gel de agarose a 2% mencionados na análise do produto PCR. O resultado da enzima de restrição AVAII pode ser cortado em 353 e 144 pb como homozigótico (TT), e em 497 pb, 353 e 144 pb como heterozigótico (CT), e 497 pb ainda não digerido como homozigótico (CC).

2.4. Análise estatística

Os dados foram traduzidos para uma estrutura de base de dados informatizada. A base de dados foi examinada para detetar erros, utilizando métodos de limpeza de dados lógicos e de gama, e as inconsistências foram corrigidas. Foi solicitado o parecer de um perito em estatística. As análises estatísticas foram realizadas utilizando o software IBMSPSS versão 23 (Statistical Package for Social Sciences) em associação com o Microsoft Excel 2016.

A conformidade das variáveis aleatórias quantitativas com a curva gaussiana (distribuição normal) foi analisada utilizando o teste de Kolmogorov-Smirnov. Todas as variáveis de resultado (resposta) eram variáveis com distribuição não normal. Estas variáveis podem ser descritas pela mediana e pelo intervalo interquartil. A diferença na mediana entre 2 grupos foi avaliada por um teste não paramétrico (Mann-Whitney), enquanto entre 3 grupos foi utilizado o teste de Kruskal-Wallis. A significância estatística, a direção e a força da correlação linear entre duas variáveis quantitativas, uma das quais com distribuição não normal, foram medidas pelo coeficiente de correlação linear de Spearman **(Sortie, 1995)**

Uma estimativa foi considerada estatisticamente significativa se o seu valor P fosse inferior a um nível α de significância de 0,05. A significância estatística do OR medido é avaliada por uma fórmula especial χ^2 (Qui-quadrado) **(Weng *et al.*, 2006).**

Na teoria da deteção de sinais, uma caraterística de funcionamento do recetor (ROC), ou simplesmente curva ROC, é um gráfico que ilustra o desempenho de um sistema de classificação binário à medida que o seu limiar de discriminação é variado. É criada traçando a fração de verdadeiros positivos entre os positivos (TPR = taxa de verdadeiros positivos) vs. a fração de falsos positivos entre os negativos (FPR = taxa de falsos positivos), em várias definições de limiar. A TPR é também conhecida como sensibilidade (também designada por recordação em alguns domínios) e a FPR é um menos a especificidade ou taxa de verdadeiros negativos **(Weng *et al.*, 2006).**

CAPÍTULO 3

3.Resultados

3.1 . Caraterísticas demográficas dos grupos selecionados incluídos no estudo

Os resultados apresentados neste capítulo foram baseados na análise de 2 grupos de estudo de recém-nascidos. O grupo de casos era constituído por 75 bebés com um diagnóstico clínico de sépsis neonatal. Este grupo foi ainda classificado em 2 grupos com base nos resultados da hemocultura. Foi identificada uma cultura bacteriana positiva em 30 casos e estes foram rotulados como grupo de "sépsis comprovada". Os casos de cultura negativa eram 45 e, por conseguinte, foram classificados como grupo de "sépsis provável". Além disso, uma amostra aleatória de 75 recém-nascidos de controlo saudáveis foi comparada com o grupo de casos em termos de sexo, peso à nascença e idade gestacional. Como mostra a **Tabela (3-1),** o sexo feminino constituiu cerca de um terço de todos os 3 grupos de estudo. Não foram observadas diferenças óbvias ou estatisticamente significativas na composição por género entre os 3 grupos de estudo. Além disso, não foram observadas diferenças estatisticamente significativas entre os 3 grupos de estudo na proporção de bebés com baixo peso à nascença e pré-termo.

Como mostra a **Tabela (3-2),** não houve diferenças importantes ou estatisticamente significativas na mediana do peso ao nascer, idade gestacional e idade do recém-nascido entre os 3 grupos de estudo.

Tabela (3-1): Descrição dos 3 grupos de estudo por género, peso à nascença e idade gestacional.

	Study group						
	Proven sepsis (Culture positive)		**Probable sepsis (culture negative)**		**Healthy controls**		
	No	**%**	**No**	**%**	**No**	**%**	**P**
Gender							0.98[NS]
Male	19	63.3	28	62.2	46	61.3	
Female	11	36.7	17	37.8	29	38.7	
Total	30	100.0	45	100.0	75	100.0	
Birth weight categories (gm)							0.26[NS]
Normal birth weight (=>2500 gm)	7	23.3	8	17.8	25	33.3	
LBW (< 2499 gm)	11	36.7	23	51.1	31	41.3	
Extremely LBW (<1000gm)	12	40.0	14	31.1	19	25.3	
Total	30	100.0	45	100.0	75	100.0	
Gestational age categories (weeks)							0.72[NS]
At term (39-40)	8	26.7	14	31.1	26	34.7	
Preterm (Gestational age <38 weeks)	22	73.3	31	68.9	49	65.3	
Total	30	100.0	45	100.0	75	100.0	

* LBW=Baixo Peso ao Nascer, NS=Não Significativo, P=Valor P, No=Número

Tabela (3-2): A Diferença entre os Grupos de Estudo na Mediana de Medidas de Resultados Selecionados.

	Study group			
	Proven sepsis (Culture positive)	**Probable sepsis (culture negative)**	**Healthy controls**	**P**
Birth weight (gm)				0.12[NS]
Range	(900 to 3000)	(900 to 4000)	(900 to 3600)	
Median	1500	1600	2000	
Inter-quartile range	(1100)	(1000)	(1550)	
No	30	45	75	
Mean Rank	65	70.9	82.5	
Gestational age (weeks)				0.82[NS]
Range	(29 to 40)	(28 to 40)	(28 to 40)	
Median	32	32	32	
Inter-quartile range	(7)	(7)	(7)	
No	30	45	75	
Mean Rank	75.2	72.4	77.5	
Age (days)				0.82[NS]
Range	(1 to 20)	(1 to 26)	(1 to 26)	
Median	4	6	6	
Inter-quartile range	(9)	(8)	(8)	
N	30	45	75	
Mean Rank	71.4	77.7	75.8	

*NS= Não significativo, P= Valor P, No=Número.

3.2 Distribuição dos recém-nascidos com sépsis comprovada de acordo com o início da doença

No presente estudo, registou-se um número máximo de casos positivos de cultura em recém-nascidos com mais de três dias (LOS) em comparação com recém-nascidos com menos de três dias (EOS),

Tabela (3-3).

Tabela (3-3): Distribuição dos Neonatos com Sepse Comprovada de acordo com o Início da Doença.

Onset of Sepsis	NO.	%
Early onset Sepsis	**7**	**27%**
Late onset Sepsis	**23**	**73%**
Total	**30**	**100%**

3.3 Isolados de hemoculturas entre os tipos de neonatos com sépsis comprovada

Neste estudo, o número total de isolados foi de 30 (7 do EOS e 23 do LOS). No EOS, o organismo isolado foi Klebsiella (4/7), E. coli (2/7) e S.aureus (1/7). No LOS, os isolados prevalentes foram S.aureus (14/23), enquanto os isolados de S.epidermidis foram (9/23), **Tabela (3-4).**

Tabela (3-4): Organismos isolados entre os casos de EOS e LOS.

Type of Organism	Type of Neonatal Sepsis					
	EOS (n=7)		LOS (n=23)		Total (n=30)	
	No	%	No	%	No	%
S.aureus	1	14.3	14	60.9	15	50
S.epidermidis	0	0	9	39.1	9	30
E. coli	2	28.6	0	0	2	6.7
K.pnuemoniae	4	57.1	0	0	4	13.3

* EOS= Sépsis de início precoce, LOS=Sépsis de início tardio, No= Número

3.4. Taxa de Positividade de Sinais e Sintomas Comuns entre Neonatos com Sépsis Provada e Provável.

A apresentação clínica mais frequente e o fator de risco materno dos recém-nascidos com sépsis comprovada e com sépsis provável foram a febre, a taquipneia, a má alimentação e a taquicardia, enquanto que a apresentação clínica menos frequente foram os vómitos, a letargia e a PROM, **Figura (3-1).**

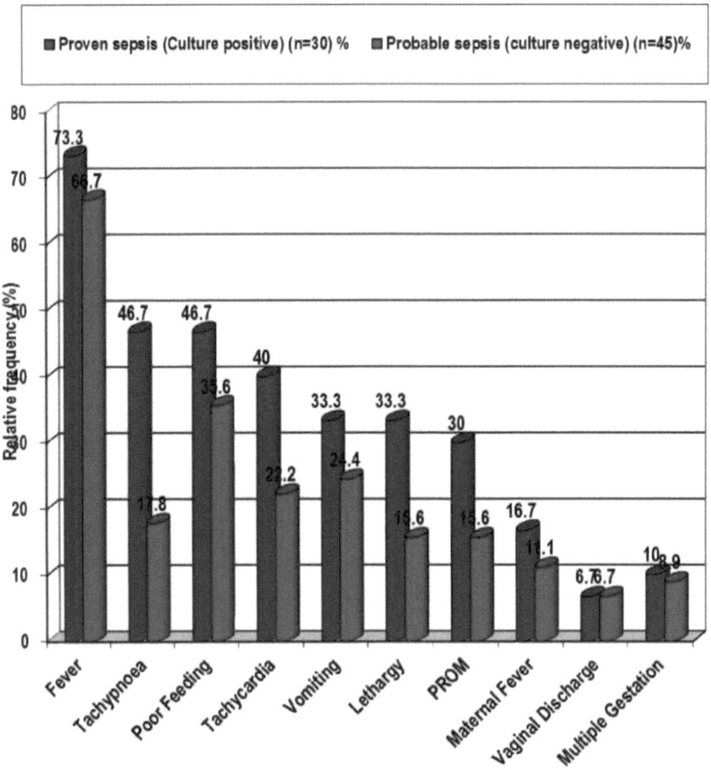

Figura (3-1): Gráfico de Barras Mostrando a Frequência Relativa de Caraterísticas Clínicas Selecionadas e Fator de Risco Materno entre os Casos com Sépsis Neonatal.

3.5 Efeito de Sepsisan em medições selecionadas

Como se pode ver na **Tabela (3-5),** uma proporção significativamente mais elevada de recém-nascidos com sépsis apresentava leucocitose (36,7% e 24,4% entre os grupos de sépsis comprovada e provável, respetivamente) em comparação com nenhum dos controlos saudáveis. Do mesmo modo, foi observada uma contagem muito baixa de neutrófilos no sangue numa percentagem significativamente mais elevada de recém-nascidos com sépsis (60% e 24,4% entre os grupos de sépsis comprovada e provável, respetivamente) em comparação com nenhum dos controlos saudáveis.

Tabela (3-5): A diferença entre os 3 grupos de estudo na contagem de glóbulos brancos e de neutrófilos.

	Study Group						
	Proven sepsis (Culture positive) (n=30)		Probable sepsis (culture negative) (n=45)		Healthy controls (n=75)		
	No	%	No	%	No	%	P
Leukocytosis (>15000/m³ WBC count)	11	36.6	11	24.4	0	0.0	<0.001
Very Low Neutrophil count (<1000/m3)	18	60.0	11	24.4	0	0.0	<0.001

* WBC= glóbulos brancos, P= valor de P, No= número

A mediana da contagem de leucócitos foi significativamente diferente entre os grupos de estudo. Foi significativamente mais elevada (8500 xl0 /mm[63]) no grupo com sepsia provável em comparação com os controlos saudáveis (6800 xlO /mm). A mediana também foi obviamente mais elevada no grupo de sépsis comprovada (7750 xl0 /mm[63]) no grupo de sépsis provável em comparação com os controlos saudáveis, mas a diferença não atingiu o nível de significância estatística (possivelmente devido à pequena dimensão da amostra). Os dois grupos de casos (provado e provável) não apresentaram diferenças óbvias na mediana da contagem de leucócitos no sangue, **Tabela (3-6).**

A mediana da contagem de neutrófilos foi significativamente diferente entre os grupos de estudo. Foi significativamente mais baixa (810 xlO'Vmm³) no grupo com sépsis comprovada em comparação com os controlos saudáveis (1250 xlO /mm[63]). Também foi obviamente inferior à do grupo com sépsis provável, mas a diferença não atingiu o nível de significância estatística. Além disso, a contagem mediana para o grupo com sépsis provável não foi obviamente diferente (1200 xl0 /mm[63]) da dos controlos saudáveis. Os dois grupos de casos (comprovado e provável) não apresentaram diferenças óbvias na contagem mediana de leucócitos no sangue, **Tabela (3-6).**

Tabela (3-6): A diferença entre os grupos de estudo na mediana de glóbulos brancos e contagem de neutrófilos.

	Study Group			
	Proven sepsis (Culture positive)	**Probable sepsis (culture negative)**	**Healthy controls**	**P**
Blood WBC count				0.016
Range	(2000 to 30000)	(2000 to 32000)	(5000 to 9000)	
Median	7750	8500	6800	
Inter-quartile range	(17000)	(6500)	(1600)	
No	30	45	75	
Mean Rank	78.7	89.1	66	
P (Mann-Whitney) for difference in median between				
Proven sepsis (Culture positive) X Probable sepsis (culture negative) =0.67[NS]				
Proven sepsis (Culture positive) X Healthy controls =0.33[NS]				
Probable sepsis (culture negative) X Healthy controls =0.002				
Blood neutrophil count				0.015
Range	(200 to 13000)	(200 to 23000)	(1000 to 1500)	
Median	810	1200	1250	
Inter-quartile range	(1050)	(500)	(400)	
No	30	45	75	
Mean Rank	55.8	76.5	82.8	
P (Mann-Whitney) for difference in median between				
Proven sepsis (Culture positive) X Probable sepsis (culture negative) =0.06[NS]				
Proven sepsis (Culture positive) X Healthy controls =0.003				
Probable sepsis (culture negative) X Healthy controls =0.48[NS]				

* WBC= glóbulos brancos, P=valor de P, No=número, NS=não significativo

A mediana da PCT no sangue foi significativamente mais elevada em ambos os grupos de casos (3,30 e 1,76 ng/ml nos grupos de sépsis comprovada e provável, respetivamente) em comparação com os controlos saudáveis (0,23 ng/ml). Além disso, a mediana do grupo com sépsis comprovada foi significativamente mais elevada do que a do grupo com sépsis provável, **Tabela (3-7).**

Tabela (3-7): A Diferença entre os Grupos de Estudo na Mediana de Procalcitonina.

	Study Group			
	Proven sepsis (Culture positive)	**Probable sepsis (culture negative)**	**Healthy controls**	**P**
Blood PCT (ng/ml)				<0.001
Range	(1.34 to 5.96)	(0.18 to 3.45)	(0.12 to 0.42)	
Median	3.30	1.76	0.23	
Inter-quartile range	(1.95)	(0.72)	(0.21)	
No	30	45	75	
Mean Rank	130	97.8	40.3	
P (Mann-Whitney) for difference in median between				
Proven sepsis (Culture positive) X Probable sepsis (culture negative) <0.001				
Proven sepsis (Culture positive) X Healthy controls <0.001				
Probable sepsis (culture negative) X Healthy controls <0.001				

* PCT=Procalcitonina, P=Valor P, No=Número

A mediana da expressão dos neutrófilos CD64 e dos linfócitos CD69 foi significativamente mais elevada em ambos os grupos de casos em comparação com os controlos saudáveis. Além disso, a mediana para o grupo de sépsis comprovada foi significativamente mais elevada do que a do grupo de sépsis provável, **Tabela (3-8).**

Tabela (3-8): A diferença entre os grupos de estudo na mediana dos marcadores CD64 e CD69.

	Study Group			
	Proven sepsis (Culture positive)	**Probable sepsis (culture negative)**	**Healthy controls**	**P**
CD64 neutrophil expression				<0.001
Range	(18 to 94)	(3 to 92)	(2 to 19)	
Median	72	60	10	
Inter-quartile range	(24)	(23)	(7)	
No	30	45	75	
Mean Rank	121.3	103.1	40.6	
P (Mann-Whitney) for difference in median between				
Proven sepsis (Culture positive) X Probable sepsis (culture negative) =0.005				
Proven sepsis (Culture positive) X Healthy controls <0.001				
Probable sepsis (culture negative) X Healthy controls <0.001				
CD69 lymphocyte expression				<0.001
Range	(2 to 80)	(3 to 68)	(2 to 50)	
Median	47	39	8	
Inter-quartile range	(34)	(33)	(11)	
No	30	45	75	
Mean Rank	110.9	95.1	49.6	
P (Mann-Whitney) for difference in median between				
Proven sepsis (Culture positive) X Probable sepsis (culture negative) =0.023				
Proven sepsis (Culture positive) X Healthy controls <0.001				
Probable sepsis (culture negative) X Healthy controls <0.001				

* P=Valor P, No=Número

Os resultados da citometria de fluxo foram expressos em percentagem de células positivas. Considerando a percentagem de (R2+R4) > 20% como resultado positivo e a percentagem de (R2+R4)< 20% como resultado negativo, **Figura(3-2), Figura(3- 3)e Figura(3-4).**

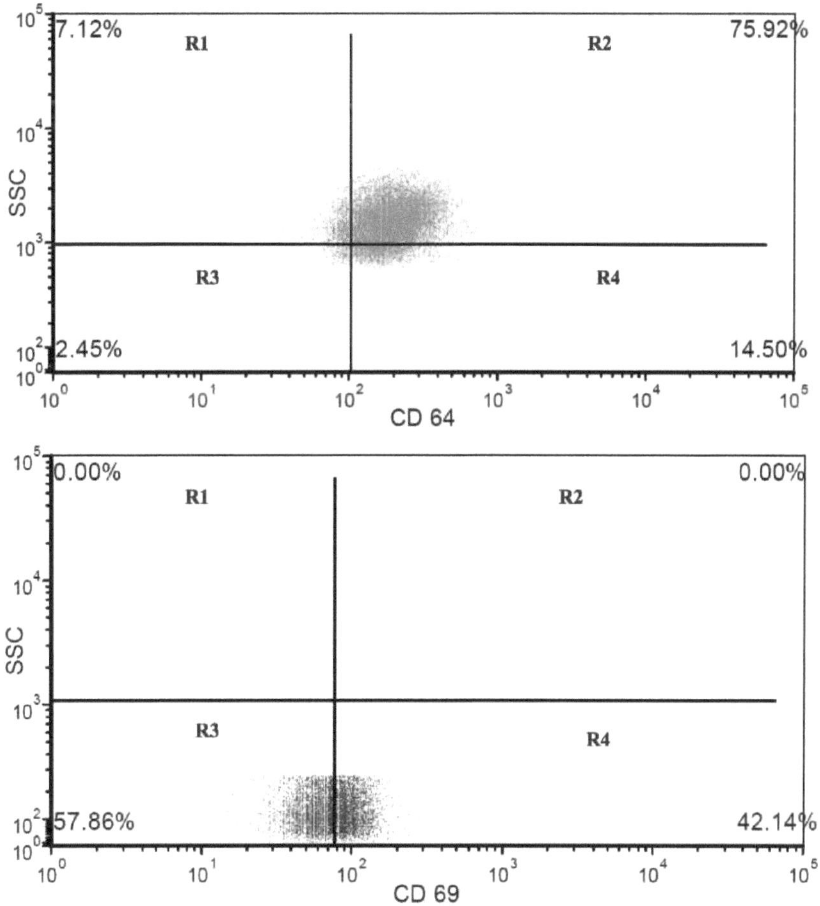

Figura (3-2): Resultados da análise citométrica de fluxo para a deteção de CD64 nos neutrófilos (90,42%) em comparação com a deteção de CD69 nos linfócitos T (42,14%) num doente com sépsis comprovada por cultura neonatal.

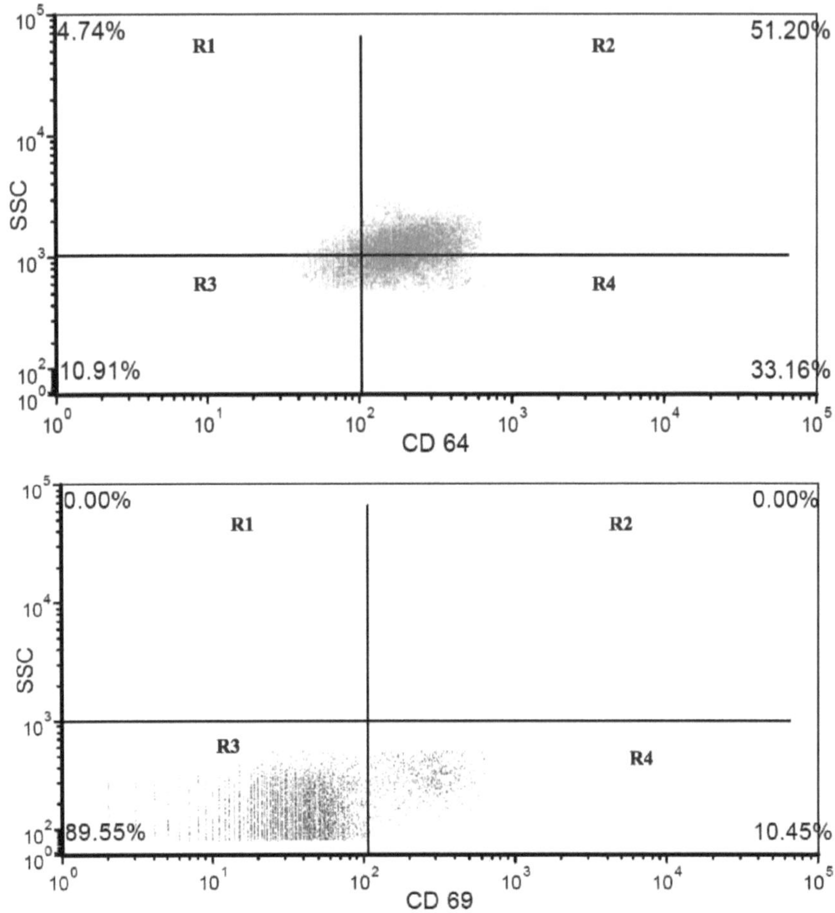

Figura (3-3): Resultados da Análise Fluxocitométrica para a Deteção de CD64 nos Neutrófilos (84,36%) Comparada com a Deteção de CD69 nos Linfócitos T (10,45%) num Paciente com Provável Sépsis Neonatal.

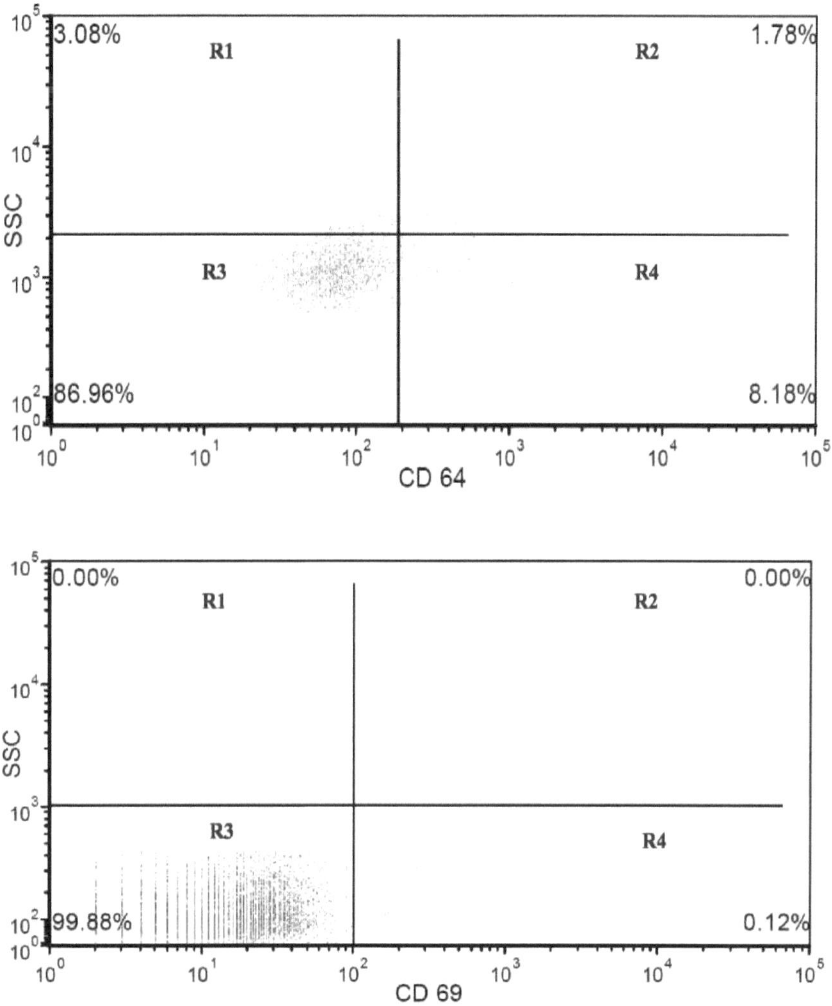

Figura (3-4): Resultados da análise citométrica de fluxo para a deteção de CD64 em neutrófilos (9,96%) em comparação com a deteção de CD69 em linfócitos T (0,12%) em recém-nascidos saudáveis.

3.6 Diagnóstico de sépsis neonatal com cultura positiva (comprovada)

Foram testadas cinco medidas de resultados quanto ao seu desempenho na previsão de uma sépsis neonatal comprovada, diferenciando-a de um neonato saudável. Estas medições incluem: PCT no sangue, expressão de neutrófilos CD64, expressão de linfócitos CD69, contagem de neutrófilos no sangue e contagem de leucócitos no sangue.

Como se mostra na **Tabela (3-9),** a PCT sanguínea e a expressão de CD64 foram associadas à maior validade no diagnóstico de sépsis neonatal e proporcionaram um teste perfeito (área sob a curva ROC igual a um). A expressão de linfócitos CD69 ficou em segundo lugar na sua validade diagnóstica e qualificou-se como um bom teste (área ROC = 0,878). A contagem de neutrófilos sanguíneos foi considerada um teste fraco (área ROC = 0,685), enquanto a contagem de leucócitos sanguíneos foi considerada um teste falhado com uma área sob a curva ROC < 0,6), **Figura (3- 5).Uma** PCT sanguínea de 0,88 ng/ml ou superior está associada a um teste perfeito, sendo 100% precisa para o diagnóstico de sépsis neonatal comprovada.

Do mesmo modo, uma expressão de neutrófilos CD64 >30% é 99% exacta no diagnóstico de sépsis neonatal comprovada. Um teste positivo (CD64 positivo de 30% ou superior) é 100% específico e pode estabelecer um possível diagnóstico de sépsis com 100% de confiança em qualquer situação clínica. Por outro lado, um teste negativo (obtenção de uma expressão de neutrófilos CD64 positiva de <30%) pode excluir um possível diagnóstico de sépsis neonatal com 99,6% de confiança numa situação clínica em que a sépsis neonatal é de muito baixa possibilidade (probabilidade pré-teste = apenas 10%), **Tabela (3-10).**

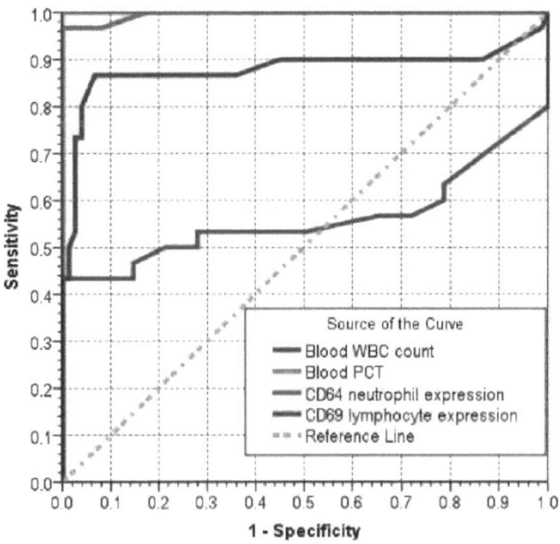

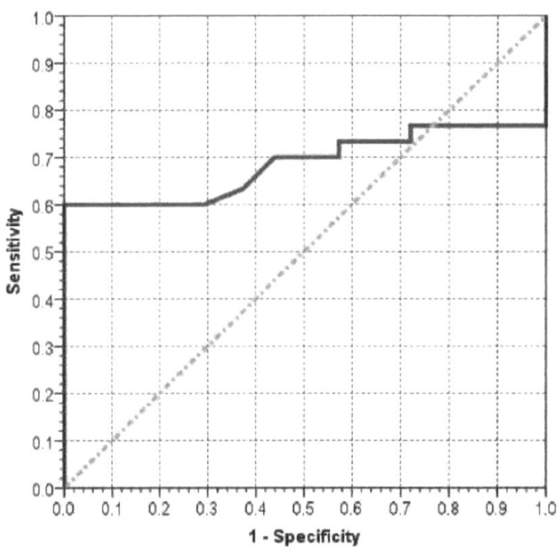

Figura (3-5): Curva ROC que mostra o desempenho de medidas quantitativas de resultados selecionados quando utilizadas como testes para diagnosticar casos com sépsis comprovada (cultura positiva), diferenciando-os do grupo de controlo saudável.

Tabela (3-9): Área Sob a Curva ROC Comparando a Validade de Medidas de Resultados Quantitativos Selecionados quando Utilizados como Testes para Diagnosticar Casos com Sépsis Comprovada (Cultura Positiva) Diferenciando-os do Grupo de Controlo Saudável.

	ROC Area	*P*
Blood PCT	1.000	<0.001
CD64 neutrophil expression	0.996	<0.001
CD69 lymphocyte expression	0.878	<0.001
Blood neutrophil count	0.685	0.003
Blood WBC count	0.560	0.34[NS]

*PCT= Procalcitonina , WBC = Células brancas do sangue , *P*= Valor P

Tabela (3-10): Parâmetros de Validade de Medidas de Resultados Quantitativos Selecionados quando Utilizados como Testes para Diagnosticar Casos com Sépsis Comprovada (Cultura Positiva) e Diferenciá-los do Grupo de Controlo Saudável. (Valores mais elevados do teste são mais sugestivos do diagnóstico).

				PPV at Pre-Test Probability =		*NPV at Pre-Test Probability = 10%*
Positive if ≥ cut-off value	**Sensitivity**	**Specificity**	**Accuracy**	**50%**	**90%**	
Blood PCT						
0.88 (Perfect cut-off)	100.0	100.0	100.0	100.0	100.0	100.0
CD64 neutrophil expression						
30 (Highest specificity and optimum cut-off)	96.7	100.0	99.0	100.0	100.0	99.6
CD69 lymphocyte expression						
20 (optimum cut-off)	86.7	93.3	91.4	92.9	99.2	98.4
52 (Highest specificity)	43.3	100.0	83.8	100.0	100.0	94.1

3.7 Diagnóstico de sepsia neonatal negativa (provável) por cultura

Como se mostra na **Tabela (3-ll),** a PCT sanguínea e a expressão de neutrófilos CD64 foram associadas à maior validade no diagnóstico de sépsis neonatal e proporcionaram um excelente teste (área sob a curva ROC >0,9). A expressão de linfócitos CD69 ficou em segundo lugar na sua validade diagnóstica e qualificou-se como um bom teste (área ROC = 0,823). A contagem de leucócitos no sangue foi considerada um teste fraco (área ROC = 0,670), enquanto a contagem de neutrófilos no sangue foi considerada um teste falhado com uma área sob a curva ROC < 0,6), **Figura (3- 6).**

Um valor de corte ótimo para este parâmetro é uma PCT sanguínea igual ou superior a 0,43 ng/ml. Com este valor de corte, o teste é 88,9% sensível e 100% específico (especificidade perfeita), **Tabela (3-12).**

No presente estudo, a expressão de neutrófilos CD64 >30% é o valor de corte ideal para este parâmetro. Com este valor de corte, verificou-se que a sensibilidade era de 96,7%, a especificidade era de 100% (especificidade perfeita), o valor preditivo positivo era de 100% e o valor preditivo negativo era de 99,6%.

Embora a contagem de neutrófilos tenha sido considerada um teste falhado, é possível utilizar o seu valor de corte de especificidade mais elevado de <950 xlO /mm .

Um teste positivo com este valor de corte (ter uma contagem de neutrófilos inferior a 950) pode estabelecer um possível diagnóstico de sépsis com 100% de confiança (uma vez que tem uma especificidade perfeita) em qualquer situação clínica (qualquer probabilidade pré-teste), **Tabela (3-13).**

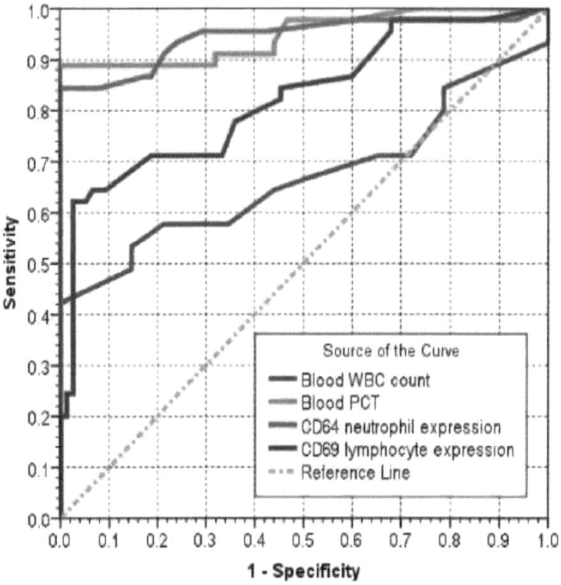

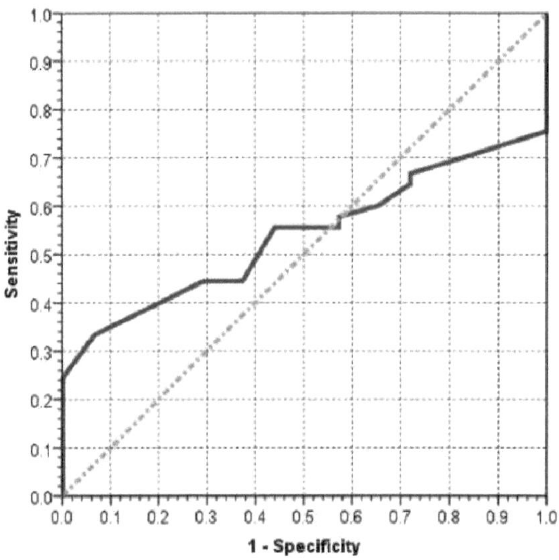

Figura (3-6): Curva ROC mostrando o desempenho de medidas quantitativas de resultados selecionados quando utilizadas como testes para diagnosticar casos com sépsis provável (cultura negativa), diferenciando-os de indivíduos de controlo saudáveis.

Tabela (3-11): Área sob a Curva ROC Comparando a Validade de Medidas de Resultados Quantitativos Selecionados quando Utilizados como Testes para Diagnosticar Casos com Sepsis Provável (Cultura Negativa) Diferenciando-os de Indivíduos de Controlo Saudáveis.

	ROC Area	*P*
Blood PCT	0.948	<0.001
CD64 neutrophil expression	0.944	<0.001
CD69 lymphocyte expression	0.823	<0.001
Blood WBC count	0.670	0.002
Blood neutrophil count	0.538	0.49[NS]

Tabela (3-12): Parâmetros de Validade de Medidas de Resultados Quantitativos Selecionados quando Utilizados como Testes para Diagnosticar Casos com Sepsis Provável (Cultura Negativa) e Diferenciá-los de Indivíduos de Controlo Saudáveis. (Valores mais elevados do teste são mais sugestivos do diagnóstico).

				PPV at pre-test probability =		*NPV at pre-test probability = 10%*
Positive if ≥ cut-off value	**Sensitivity**	**Specificity**	**Accuracy**	**50%**	**90%**	
Blood WBC count						
5250 (Highest sensitivity)	84.4	21.3	45.0	51.8	90.6	92.5
7800 (optimum cut-off)	57.8	78.7	70.8	73.0	96.1	94.4
9250 (Highest specificity)	42.2	100.0	78.3	100.0	100.0	94.0
Blood PCT						
0.18 (Highest sensitivity)	100.0	26.7	54.2	57.7	92.5	100.0
0.43 (Highest specificity and	88.9	100.0	95.8	100.0	100.0	98.8

optimum cut-off)						
CD64 neutrophil expression						
3 (Highest sensitivity)	100.0	1.3	38.3	50.3	90.1	100.0
30 (Highest specificity and optimum cut-off)	84.4	100.0	94.2	100.0	100.0	98.3
CD69 lymphocyte expression						
3 (Highest sensitivity)	100.0	1.3	38.3	50.3	90.1	100.0
17 (optimum cut-off)	71.1	81.3	77.5	79.2	97.2	96.2
51 (Highest specificity)	20.0	100.0	70.0	100.0	100.0	91.8

Tabela (3-13): Parâmetros de Validade de Medidas de Resultados Quantitativos Selecionados quando Utilizados como Testes para Diagnosticar Casos com Sepsis Provável (Cultura Negativa) e Diferenciá-los de Indivíduos de Controlo Saudáveis. (Valores mais pequenos do teste são mais sugestivos do diagnóstico).

				PPV at pre-test probability =		***NPV at pre-test probabilit y = 10%***
Positive if < cut-off value	**Sensitivity**	**Specificity**	**Accuracy**	**50%**	**90%**	
Blood neutrophil count						
950 (Highest specificity)	24.4	100.0	71.7	100.0	100.0	92.3
1225 (optimum cut-off)	55.6	56.0	55.8	55.8	91.9	91.9
1475 (Highest sensitivity)	66.7	28.0	42.5	48.1	89.3	88.3

3.8 Estudo genético:

3.8.1 Amplificação por PCR

Os produtos da ligação bem sucedida entre o ADN extraído e os iniciadores específicos para o gene

CD 14 foram detectados por análise de eletroforese em gel utilizando o marcador de ADN (escada de ADN de 100 pb) e o tamanho dos produtos foi de 497 pb para os grupos de doentes e de controlo **Figura (3-7).**

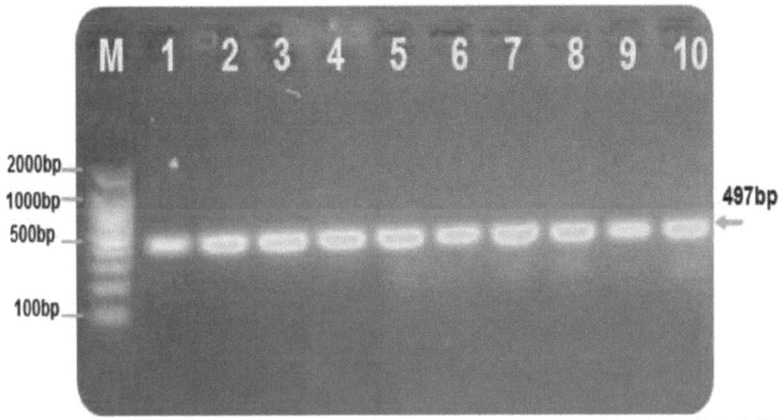

Figura (3-7): Imagem de eletroforese em gel de agarose que mostra a análise do produto de PCR do gene CD14 (Pl) de um doente com sépsis neonatal e de uma amostra de sangue de um controlo saudável. Onde M: Marcador (2000-100 pb), Linha (1) Amostra de Controlo Saudável e Linha (2-10) Produto PCR Positivo com um tamanho de produto de 497 pb.

3ı 82Detecção deCD14/C; 159TGenePolymorphism:

A distribuição do polimorfismo do gene *CD14* /C-159T foi detectada pela técnica PCR-RFLP, neste locus existem três genótipos; homozigoto (TT) em 353 pb e 144 pb, heterozigoto (CT) em 497 pb, 353 pb e 144 pb, e tipo selvagem (CC) que ainda não digeriu 497 pb, **Figura (3-8)** a distribuição genotípica não teve desvio do equilíbrio de Hardy-Weinberg em todos os grupos de estudo e concorda com os relatórios de **Sharaf et al., (2010).**

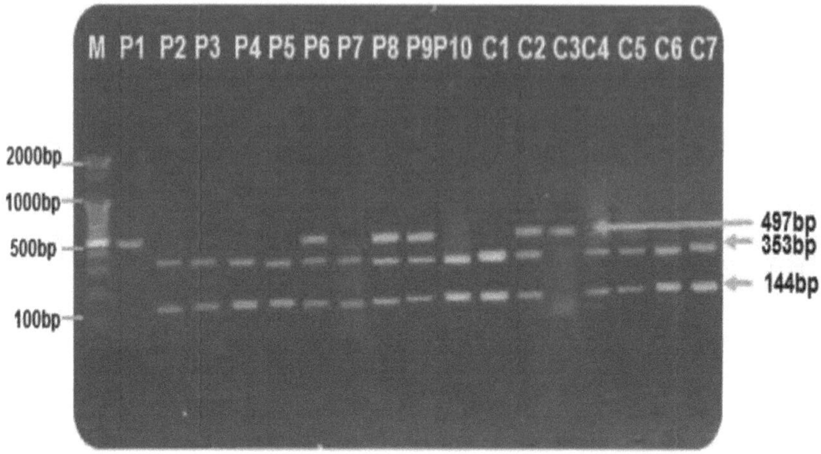

Figura (3-8): Imagem de eletroforese em gel de agarose que mostra a análise do produto RFLP-PCR do produto de PCR de 497 pb do gene CD14/C-159T em doentes com sépsis neonatal e em amostras de sangue de controlo saudável que foram digeridas pela endonuclease de restrição (A *VAII)*, em que M: Marcador (2000-100 pb), Pista (Pland C3) Paciente e Amostra de Controlo Mostrar (CC) Homozigoto como tamanho de produto não digerido de 497 pb, Pista (P2, P3,P4, P5, P7,P10, C1,C4,C5,C6, e C7)Amostra de controlo e paciente Mostra (TT) Homozigoto como 353 pb e 144 pb Tamanho do produto, Pista (P6, P8, P9, e C2) Amostra de controlo e paciente Mostra (CT) Heterozigoto como 497 pb, 353 pb e 144 pb Tamanho do produto.

3.8.2.1. Polimorfismo do gene CD14 /C-159T e risco de sépsis neonatal com cultura positiva (comprovada)

Como se mostra na **Tabela (3-14),** o risco de ter sépsis comprovada, em comparação com controlos saudáveis, aumentou significativamente em 13,1 vezes para os recém-nascidos com genótipo TT. Pelo contrário, ter um genótipo CC diminui significativamente o risco de sépsis comprovada em 5,1 vezes. O genótipo CT diminuiu marginalmente o risco de sépsis em 50%. Este último efeito foi demasiado fraco para ser estatisticamente significativo. A presença do alelo T aumentou significativamente o risco de ter sépsis neonatal com cultura positiva em 5,1 vezes. Por outro lado, a presença do alelo C reduziu significativamente o risco de ter sépsis neonatal com cultura positiva em 13,1 vezes. A ausência do papel protetor do alelo C aumenta o risco de ter sépsis em 13,1 vezes, **Tabela (3-14).**

Tabela (3-14): O Risco de Sépsis Comprovada (Cultura Positiva) Comparado com Controlos Saudáveis por Polimorfismo do Gene CD14 (C-159t).

	Healthy controls		*Proven sepsis (Culture positive)*			*Inverse OR*				
	N	%	N	%	OR		95% CI OR	P	EF	PF
CD14 (C-159t) polymorphism										
TT	6	8.0	16	53.3	13.1	**	(4.37 - 39.48)	<0.001	0.493	**
CC	42	56.0	6	20.0	0.2	5.1	(0.07 - 0.54)	0.001	**	0.450
CT	27	36.0	8	26.7	0.65	1.5	(0.25 - 1.65)	NS	**	0.127
Total	75	100.0	30	100.0						
CD14 (C-159t) alleles frequency										
T allele	39	26.0	40	66.7	7.18	**	2.74 - 18.79	0.0001	0.574	**
C allele	111	74.0	20	33.3	0.068	6.2	0.02 - 0.19	< 0.0001	**	0.82
Total	150		60							

* EF= fração etiológica, PF= fração protetora, P=valor de P, OR= razão de probabilidades, NS= não significativo, IC= intervalo de confiança,

3.8.2.2. Polimorfismo do gene CD14 /C-159T e risco de sépsis neonatal com cultura negativa (provável)

Como se mostra na **Tabela (3-15),** o risco de ter sépsis provável em comparação com controlos saudáveis aumentou significativamente em 14,4 vezes para os recém-nascidos com genótipo TT. Por outro lado, ter um genótipo CC diminui significativamente o risco de sépsis comprovada em 5,9 vezes.

O genótipo CT diminuiu marginalmente o risco de sépsis em 50%. Este último efeito foi demasiado fraco para ser estatisticamente significativo.

A presença do alelo T aumentou significativamente o risco de ter sépsis neonatal com cultura positiva em 5,9 vezes. Por outro lado, a presença do alelo C reduziu significativamente o risco de ter sépsis neonatal com cultura positiva em 14,4 vezes.

A ausência do papel protetor do alelo C aumenta o risco de ter sépsis em 14,4 vezes, **Tabela (3-15).**

Tabela (3-15): O Risco de Sépsis Provável (Cultura Negativa) Comparado com o Grupo de Controlo Saudável por Polimorfismo do Gene CD14 (C-159t).

	Healthy Controls		*Probable Sepsis (Culture Negative)*			*Inverse OR*				
	N	%	N	%	OR		95% CI OR	P	EF	PF
CD14 (C-159t) polymorphism										
TT	6	8.0	25	55.6	14.4	**	(5.18 - 39.9)	<0.001	0.517	**
CC	42	56.0	8	17.8	0.17	5.9	(0.07 - 0.41)	<0.001	**	0.465
CT	27	36.0	12	26.7	0.65	1.5	(0.29 - 1.45)	NS	**	0.127
Total	75	100.0	45	100.0						
CD14 (C-159t) alleles frequency										
T	39	26.0	62	68.9	1.19	**	0.38 - 3.698	NS	0.11	**
C	111	74.0	28	31.1	0.16	5.01	0.09 - 0.282	< 0.001	**	0.62
Total	150		90							

* EF= fração etiológica, PF= fração protetora, P=valor de P, OR=relação de probabilidades, NS=não significativo, IC=intervalo de confiança

CAPÍTULO 4

Discussão

A sépsis neonatal, com a sua elevada taxa de mortalidade, continua a ser um desafio de diagnóstico e tratamento para os prestadores de cuidados de saúde neonatais. Um diagnóstico precoce da septicemia neonatal ajuda o médico a instituir a terapêutica antibiótica o mais cedo possível, reduzindo assim as taxas de mortalidade dos recém-nascidos. A identificação precoce de um neonato infetado também ajuda a evitar o tratamento desnecessário de um neonato não infetado.

4.1. Distribuição demográfica dos grupos selecionados incluídos no estudo

No presente estudo, a distribuição por sexo entre os recém-nascidos com sépsis comprovada e provável foi de 47/75 (62,7%) do sexo masculino e 28/75 (37,3%) do sexo feminino, **Tabela (3-l)**. Estes resultados confirmam outros estudos que demonstraram que o sexo masculino tem uma probabilidade 2-6 vezes superior à do sexo feminino de desenvolver sépsis **(Ziba et al., 2003).** O rácio de 3:2 neste estudo é constante com estes dados. A preponderância masculina foi atribuída à deficiência de um gene imuno-regulador ligado ao X. A predominância de bebés do sexo masculino é evidente em quase todos os estudos sobre sépsis em recém-nascidos **(Cordero *et al.*, 2004).**

Não se registaram diferenças importantes ou estatisticamente significativas na mediana do peso à nascença, idade gestacional e idade do recém-nascido entre os 3 grupos de estudo, **Tabela (3-2).**

4.2. Distribuição dos recém-nascidos com sépsis comprovada de acordo com o início da doença

No presente estudo, registou-se um número máximo de casos positivos de cultura em recém-nascidos com mais de três dias (LOS) em comparação com recém-nascidos com menos de três dias (EOS), **Tabela (3-3).**

Embora a hemocultura seja o padrão de ouro para o diagnóstico de sépsis, os relatórios de cultura só estariam disponíveis após 48-72 horas **(Tripathi e Malik, 2010).**

No presente estudo, a taxa de sépsis comprovada foi de (40%), como se pode ver na **Tabela (3-3)** e na **Tabela (3-3)**, o que é superior ao observado por **Kadhim (2010)**, em que a taxa de isolamento foi de (28,9%), mas comparável aos estudos efectuados por **Ananthakrishnan e Gunasekaran (2009)**, em que a taxa de positividade foi de (40,3%), e inferior ao observado por **Mahmoud** et ***al,*(2014)**, em que a taxa de isolamento foi de (60%).

Os resultados variáveis podem dever-se ao facto de a população estudada definir de forma diferente a sépsis comprovada e de a positividade da cultura depender do momento da colheita da amostra e da extensão da bacteriemia no recém-nascido **(Borna e Borna, 2005).** Por vezes, as hemoculturas são positivas em apenas 5%-10% dos casos de suspeita de sépsis, mesmo em instalações com recursos elevados **(Darmstadt** et ***al.*, 2009).** A hemocultura também não detecta a bacteremia em 27%-92% dos bebés prematuros com BPN. Isto deve-se frequentemente ao facto de o volume de sangue inoculado no frasco de hemocultura ser insuficiente ou ao processamento subóptimo da amostra, mas talvez a razão mais importante seja o facto de a bacteriemia ser frequentemente transitória ou intermitente **(Sarkar** et **al., 2006).**

Os isolados dos casos EOS foram ***Klebsiella*** 4/7 (57,1%), E. ***coli*** 2/7(28,6) e ***S.aureus*** 1/7(14,3), enquanto os dos casos LOS foram ***S.aureus*** 14/23(60,9) e ***S.epidermidis*** (CoNS) 9/23(39,1%), Tabela (3-4).

O nosso estudo é semelhante aos resultados de **Marchant *et al.*, (2013)** que constataram que os organismos gram-positivos representavam a maioria dos casos de sépsis neonatal (até 70%), enquanto a sépsis devida a organismos gram-negativos representava (15 a 20%).

Outro estudo realizado por **Aletayeb *et al.*, (2011) e Shah *et al.*, (2012)** referiu que a percentagem de isolados Gram -ve de casos de sépsis era de (92,8%) e (52%), respetivamente. **Ballot *et al.*, (2012)** verificaram que as infecções Gram-positivas predominavam na EOS, sendo o ***Streptococcus agalactiae*** o agente patogénico mais comum.

Li et ***al., (2013)*** também relataram que ***o Staphylococcus*** coagulase-negativo (CoNS) foi a principal bactéria Gram-positiva na sepse de início tardio (LOS) (54,4%). Por outro lado, **Muhammad** et ***al.*, (2010)** descobriram que ***Klebisella e Moraxella*** eram os isolados mais comuns de LOS.

Esta variabilidade na etiologia entre a EOS e a LOS pode ser explicada pelo facto de a EOS ser convencionalmente considerada como adquirida por via materna, com organismos causadores, como os organismos Gram-negativos, que são normalmente encontrados no trato genital materno, enquanto a LOS é considerada de origem ambiental - adquirida no hospital ou na comunidade **(Aly *et al.*, 2012).**

Os procedimentos de intervenção podem afetar a distribuição dos microrganismos. No que diz respeito à EOS, após a introdução da profilaxia intraparto do GBS, a taxa desta infeção diminuiu e permitiu a predominância do Gram-negativo, enquanto a predominância de CoNS na LOS é atribuída à má atitude de controlo das infecções nos hospitais, especialmente nos países em desenvolvimento **(Stefanovic, 2011).**

4.3. Taxa de Positividade de Sinais e Sintomas Comuns entre Neonatos com Sépsis Provada e Provável.

A apresentação clínica mais frequente dos recém-nascidos com sépsis comprovada e com sépsis provável foi a febre (73,3% ,66,7%), taquipneia (46,7%, 17,8%), má alimentação (46,7%, 35,6) e taquicardia (40%, 22,2%), respetivamente, enquanto a apresentação clínica menos frequente foi vómitos (33,3% ,24,4%), letargia (33,3%, 15,6%) e PROM (30%, 15,6%), respetivamente, **Figura (3-1).**

Num estudo realizado por **Borna e Borna (2005),** verificou-se que a hipertermia e a má alimentação eram os sinais clínicos mais comuns entre 200 bebés, mas alguns sinais clínicos, como a taquipneia, a apneia, a cianose e a taquicardia, eram mais comuns no grupo com sépsis comprovada. Outro estudo revelou que as caraterísticas clínicas mais comuns eram a dificuldade respiratória (32%), a má alimentação (23%), os vómitos (14%), a distensão abdominal (14%), a letargia (9%) e a irritabilidade (9%) **(Trotman e Bell, 2006).**

A apresentação clínica é semelhante à dos relatórios anteriores, que ilustraram os sinais e sintomas subtis e inespecíficos da sépsis em bebés. Assim, o médico deve ter um elevado índice de suspeição para fazer o diagnóstico de sépsis com base nos sinais clínicos nestes bebés **(Jia-Horing *et al.*, 2004).**

4.4. Efeito da sépsis em medições selecionadas

Os perfis hematológicos revelam que a taxa de recém-nascidos com baixa contagem de neutrófilos foi significativamente diferente entre os três grupos de estudo. Uma percentagem significativamente mais elevada de recém-nascidos com cultura positiva apresentava uma contagem baixa de neutrófilos (60%) em comparação com os recém-nascidos com cultura negativa (24,4%) e os controlos saudáveis (0%). Do mesmo modo, foi observada uma percentagem elevada de leucocitose nos recém-nascidos com cultura positiva e nos recém-nascidos com cultura negativa (36,7% e 24,4%), respetivamente, e nos controlos saudáveis (0%), **Tabela (3-5).**

Estes resultados estavam de acordo com **Bhandari *et al.* (2008) e Mondal *et al.* (2012),** que verificaram que os perfis hematológicos dos recém-nascidos com septicemia se caracterizavam por uma maior contagem de glóbulos brancos, um rácio elevado de neutrófilos imaturos/totais, uma menor contagem de plaquetas e um nível de hemoglobina mais baixo. Por outro lado, **Sucilathangam *et al.* (2012)** referiram que a contagem total de leucócitos e o nível de Hb eram normais em 85% dos casos.

O rácio de neutrófilos I\T é considerado por muitos como o teste mais útil disponível para diagnosticar a sépsis neonatal **(Polin *et al.*, 2005; Bhandari *et al.*, 2008).** Também **Buch *et al.* (2011)** concluíram que o teste individual mais útil para confirmar e excluir a sépsis neonatal era o rácio (I\T) em combinação com outros sinais. Isto é atribuído à libertação de neutrófilos do estreito ósseo em resposta à infeção, com um número crescente de células imaturas a entrar na corrente sanguínea e a produzir uma contagem diferencial de células com um desvio para a esquerda.

Por outro lado, **Aly *et al.* (2012)** referiram que as contagens anormais de neutrófilos efectuadas no momento do início dos sintomas só são observadas em dois terços dos bebés, pelo que a contagem de neutrófilos não constitui uma confirmação adequada da septicemia.

Nos recém-nascidos, um nível elevado de PCT pode ajudar a prever a septicemia; além disso, níveis baixos de PCT foram úteis para excluir o diagnóstico de septicemia. Por conseguinte, a avaliação da PCT poderia ajudar os médicos a limitar o número de prescrições de antibióticos.

Neste estudo, os níveis de PCT foram notavelmente elevados nos recém-nascidos com sépsis comprovada e também nos casos suspeitos de sépsis, **Tabela (3-7).** Este achado foi comparável ao do estudo realizado por **Park** et ***al.*, (2014)** que constatou que os níveis de PCT eram notavelmente elevados em recém-nascidos com sépsis comprovada. Valores elevados semelhantes de PCT na sépsis neonatal foram relatados por outros trabalhadores **(Zahedpasha** et al., **2009 & Naher** et al., **2011).**

Embora exista em concentrações extremamente baixas em pessoas saudáveis, os seus níveis aumentam na presença de infecções bacterianas, como a sépsis, a meningite e a uretrite, e aumentam rapidamente na sépsis grave ou no choque sético; nessa altura, são encontrados níveis séricos elevados de PCT porque os macrófagos e os monócitos e as células C da tiroide produzem-na através da indução por endotoxina bacteriana (Joram et ***al.*, 2006).**

Boo et ***al.*, (2008)** descobriram que a PCT é detectada pela primeira vez 4 horas após a injeção de uma pequena quantidade de endotoxina em pessoas saudáveis devido a inflamação; os seus níveis aumentam rapidamente após 6-8 horas, atingem um patamar e regressam aos níveis normais após 24 horas, e os seus níveis mostram um aumento fisiológico 24-48 horas após o nascimento, e normalizam após 3 dias **(Joram** et ***al.*, 2006).**

Para além da infeção, os níveis de PCT aumentam em bebés prematuros, hipóxia, SDR e instabilidade hemodinâmica, diminuindo a sua especificidade na sépsis de início precoce **(Ballot** et al., **2004).**

Os resultados deste estudo revelaram níveis significativamente elevados de CD64 em recém-nascidos com sépsis quando comparados com controlos saudáveis, **Tabela (3-8).** Estes resultados também estão de acordo com outros estudos **(Ng** et **al.2004 & Shao et al., 2005),** que relataram os mesmos resultados em recém-nascidos com sépsis de início precoce. Outro estudo relatou resultados semelhantes em recém-nascidos de muito baixo peso com sépsis neonatal de início tardio **(Ng** et ***al.*, 2002).**

A Tabela (3-8) mostrou uma diferença estatisticamente significativa **(P<0,001)** entre doentes e controlos no que diz respeito à percentagem média de expressão de CD64 nos neutrófilos. Resultados semelhantes obtidos por **Khalifa** et **al.,(2007)** , indicaram que a quantificação do CD64 dos neutrófilos é um indicador específico de sépsis mais do que os outros testes de diagnóstico disponíveis. Também de forma semelhante, **Genel** et ***al.*, (2011),** verificaram que existia uma diferença altamente significativa entre o grupo de doentes e o grupo de controlo no que diz respeito à percentagem de neutrófilos CD64 positivos.

No estudo de **Elawady** et ***al.*, 2014,** a expressão de CD64 dos neutrófilos aumentou significativamente, o que confirmou os grupos de sépsis clínica em comparação com o grupo de controlo. Um estudo de **Saiful Islam et al., (2014),** mostrou uma diferença significativa elevada (P=<.001) entre doentes e controlos relativamente à percentagem média de expressão de CD64 nos neutrófilos. Resultados semelhantes foram obtidos por **Labib** et ***al.*, (2013); Young et *al.*, (2012) e Dhlamini et *al.*, (2011.**

4.5. Validade de um parâmetro selecionado no diagnóstico de culturas positivas Sépsis neonatal (comprovada)

Uma vez que as utilidades de diagnóstico (sensibilidade, especificidade, VPP, VAL) determinam, em última análise, a utilidade de um teste clínico, um teste com uma sensibilidade e um VAL elevados (próximos de 100%) seria o mais desejável nesta situação, porque todos os casos genuinamente infectados devem ser identificados e tratados. O teste deve também ter uma especificidade aceitável (>80%) para que a classificação incorrecta de casos não infectados e a utilização desnecessária de antibióticos possam ser reduzidas ao mínimo **(Faix, 2013).**

Foi efectuada uma análise da curva ROC para determinar a utilidade diagnóstica da PCT, da expressão de neutrófilos CD64, da expressão de linfócitos CD69, da contagem de neutrófilos no sangue e da contagem de leucócitos no sangue para detetar a septicemia neonatal. Na curva ROC, a área sob a curva ROC (AUC) para a PCT e o CD64 foi igual a um, pelo que ambos os marcadores tinham um grande valor diagnóstico, e a área sob a curva ROC para o CD69 foi (área ROC = 0.878) foi classificado em segundo lugar na sua validade diagnóstica e qualificado como um bom teste; a contagem de neutrófilos no sangue foi considerada um teste fraco (área ROC = 0,685), enquanto a contagem de leucócitos no sangue foi considerada um teste falhado com uma área sob a curva ROC

< 0,6), no entanto, os níveis de PCT e CD64 mostraram maior utilidade **,Tabela(3-9).**

Para verificar a precisão do diagnóstico, utilizámos as seguintes diretrizes com base no nível de AUC: não informativo (0,5), menos preciso (0,5<AUC<0,7), moderadamente preciso (0,7<AUC<0,9) e altamente preciso (0,9<AUC<1), **(Greiner et** al.,**2000).** Assim, com base nos nossos resultados, a PCT e o CD64 são um marcador altamente preciso, enquanto o CD69 é moderadamente preciso para o diagnóstico de sépsis neonatal. A sensibilidade da PCT para a deteção de sépsis (valor de corte de 0,88 ng/ml ou superior) e a sua especificidade foram máximas (100%), o seu valor preditivo positivo foi de 100% e o seu valor preditivo negativo foi de 100%. Um teste positivo pode estabelecer um possível diagnóstico de sépsis provável com 100% de confiança em qualquer situação clínica. Por outro lado, um teste negativo (obtenção de uma PCT sanguínea < 0,43 ng/ml) pode excluir um possível diagnóstico de sépsis neonatal com 98,8% de confiança numa situação clínica em que a sépsis neonatal é de muito baixa possibilidade (probabilidade pré-teste = apenas 10%), **Tabela (3-10).**

Outro estudo efectuado por **Sucilathangam** et al. **(2012)** concluiu que a sensibilidade da PCT para a deteção de septicemia (mais de 0,5 ng/ml) era de 92,8%, a sua especificidade de 75,0%, o seu valor preditivo positivo de 59,0% e o seu valor preditivo negativo de 96,0%.

Também **Vazzalwar *et* al. (2005)** avaliaram a PCT para o diagnóstico de sépsis de início tardio em 67 recém-nascidos. Com um valor de corte da PCT de 1,0 ng mL, a sensibilidade foi de 97% e a especificidade foi de 80%. **Boo** et al. **(2008)** mostraram que, com um nível de corte da PCT igual ou superior a 2 ng mL, a sensibilidade e a especificidade, o VPP e o VPN foram de 88,9, 65,2, 40 e 95,7%, respetivamente. **Park** et al., **(2014) concluíram** que a PCT tinha uma sensibilidade de 88,79%, uma especificidade de 58,17% e os valores preditivos negativos da PCT eram de 98,6% com um valor de corte de 0,5 mg/L, enquanto **Bodkhe** et al., **(2014)** no seu estudo, verificou que a sensibilidade e a especificidade a uma concentração de 2 ng/ml eram de 97% e 88,8%, respetivamente.

Apesar do facto de a maioria dos marcadores de citocinas ter VNP elevados (ou seja, bons para excluir a sépsis), estes não foram adoptados para utilização médica geral. Recentemente, a atenção foi dirigida para os antigénios da superfície celular dos leucócitos como marcadores de diagnóstico da sépsis **(Bhandari** et al., **2008).**

O objetivo deste estudo prospetivo foi incluir bebés submetidos a avaliação de sépsis na UCIN e medir a expressão de neutrófilos CD64 e linfócitos CD69 no sangue como complemento de um sistema de pontuação hematológica previamente validado para detetar sépsis neonatal.

Isto estava de acordo com os resultados de estudos anteriores que sugeriam que o CD64 de neutrófilos de bebés de termo e pré-termo infectados estava significativamente regulado em comparação com recém-nascidos saudáveis **(Bhandari** et al., **2008).**

No estudo de **Saiful Islam** et al., **(2014),** o CD64 de neutrófilos apresentou uma sensibilidade elevada de 100%, uma especificidade de 54,9%, um VPP de 28,13% e também um VNP elevado de 100%. A especificidade e o VPP foram baixos neste estudo devido ao elevado número de resultados falsos positivos. Isto pode dever-se à pequena dimensão da amostra e a hemocultura só foi considerada positiva em 22,5% dos casos de sépsis neonatal. Os resultados do presente estudo indicaram claramente que a medição do neutrófiloCD64 pode ser útil para o diagnóstico precoce da sépsis neonatal.

O presente estudo foi concordante com o estudo de **Elawady *et* al.,(2014),** que verificou que o CD64 tinha a maior sensibilidade (96%), especificidade (100%), VPP (96,2%) e VPN (100%), com valores de corte de 45,8%. Também outro estudo de **Ng *et* al. (2004)** alcançou uma sensibilidade elevada (97%) e uma especificidade moderada (80%), respetivamente. Por outro lado, **Streimish** et ***al.,* (2014)** demonstraram que a sensibilidade foi de 78% e a especificidade foi de 59%.

Os resultados de **Mahmoud** et al. **(2014)** mostraram que o CD64 dos neutrófilos tem uma sensibilidade, especificidade, VPP e VPN de 100%, 30%, 68,2% e 100%, respetivamente. Estes resultados da expressão de CD64 nos neutrófilos vão ao encontro de outros, como **Choo** et ***al.,* (2012)** que registaram uma sensibilidade de 91% e uma especificidade de 83%. **Faix, (2013)** também demonstrou que a sensibilidade e a especificidade da expressão de CD64 foram de 75% e 77%, respetivamente. **Jia** et ***al.,* (2013) relataram** sensibilidade de 78%, especificidade de 81%, e o índice CD64 tem algumas caraterísticas gerais favoráveis, pois não difere com a idade, porque a sua expressão só ocorre após a ativação celular e é estável por mais de 30 horas à temperatura ambiente. Além da precisão, o teste laboratorial para CD64 é rápido (<60 minutos) com o uso de citometria de fluxo e requer um volume mínimo de sangue (<100 pL), o que é uma vantagem real em neonatos **(Choo** et ***al.,* 2012).**

O CD69 está aumentado em doentes sépticos **(Nolan** et al., **2008; Giamarellos-Bourboulis, 2010).** O valor de corte ótimo para a expressão de linfócitos CD69 é fixado em >20%, que é o valor de corte mais preciso (91,4%) para este parâmetro. Um teste positivo com este valor de corte ótimo (com um CD69 de 20% ou mais) pode estabelecer um possível diagnóstico de sépsis neonatal com 92,9% de confiança numa situação clínica em que a sépsis tem probabilidades iguais (50% de probabilidade pré-teste).

O presente estudo concluiu que a Sensibilidade Especificidade Valor preditivo positivo Valor preditivo negativo da expressão de linfócitos CD69 a 20 (ponto de corte ótimo) foi de 86,7, 93,3, 99,2 e 98,4, respetivamente, **Tabela (310).**

A confiança num diagnóstico positivo aumenta ainda mais para 99,2% quando o diagnóstico diferencial de sépsis é altamente suspeito (90% de probabilidade pré-teste). Por outro lado, um teste negativo (obtendo uma expressão de linfócitos CD69 positivos de <20%) pode excluir um possível diagnóstico de sépsis neonatal com 98,4% de confiança numa situação clínica em que a sépsis neonatal é de muito baixa possibilidade (probabilidade pré-teste = apenas 10%). Aumentar ainda mais o valor de corte para >52% tornará o teste 100% específico e, por extensão, 100% diagnóstico, sendo capaz de estabelecer um possível diagnóstico de sépsis com 100% de confiança em qualquer situação clínica (qualquer probabilidade pré-teste), **Tabela (3-10).**

Labib *et al.,* (2013), os resultados mostraram que os linfócitos CD69 têm Sensibilidade Especificidade Valor preditivo positivo e Valor preditivo negativo como , 80,8% 66,7% 87,5% 75,0% respetivamente. Também **Hamdi *et*** al., **(2014),** o estudo revelou uma diferença significativa elevada entre o grupo de doentes (80,477±8,4151) e o grupo de controlo (74,3±5,1412), no que diz respeito às expressões de CD69 em percentagem média±SD, respetivamente.

Um estudo de **Chirico e Loda, (2011)** que observou que as contagens e os rácios hematológicos apresentavam uma precisão limitada com uma vasta gama de sensibilidade (1790%) e especificidade (31-100%), devido ao período relativamente longo necessário para dar resultados positivos e à influência significativa de factores não específicos. No entanto, o rácio (I/T) > 0,2 pode atingir uma sensibilidade de 90% e um valor preditivo negativo de 98%_As variações nos resultados apresentados por diferentes estudos podem dever-se a diferenças no tempo de colheita de sangue, na gravidade da infeção, na idade dos recém-nascidos e na sensibilidade reduzida destes testes na primeira semana de vida (Aly et al., **2012).**

4.6. Diagnóstico de sepsia neonatal negativa (provável) por cultura

No presente estudo, um valor de corte ótimo para este parâmetro é uma PCT sanguínea igual ou superior a 0,43 ng/ml. Com este valor de corte, a sensibilidade, a especificidade, a precisão, o VPP e o VAL foram de 88,9%, 100%, 95,8%, 100% e 98,8%, respetivamente, o que representa uma especificidade perfeita. Um teste positivo pode estabelecer um possível diagnóstico de sépsis provável com 100% de confiança em qualquer situação clínica. Por outro lado, um teste negativo (obtenção de uma PCT sanguínea < 0,43 ng/ml) pode excluir um possível diagnóstico de sépsis neonatal com 98,8% de confiança numa situação clínica em que a sépsis neonatal é de muito baixa possibilidade (probabilidade pré-teste = apenas 10%), **Tabela (3-13).** Reduzindo ainda mais o valor de corte para 0,18 ng/ml, obtém-se uma sensibilidade perfeita de 100%. Um teste negativo (PCT <0,18 ng/ml) pode excluir um possível diagnóstico de sépsis neonatal com 100% de confiança em qualquer situação clínica.

O presente estudo apoia a utilização da PCT como um teste mais sensível e específico do que a PCR em casos de sépsis neonatal. A PCT pode ser utilizada não só como marcador de infeção mas, mais importante ainda, como marcador da gravidade da infeção. A PCT ajuda a diagnosticar precocemente a sépsis no próprio dia do internamento, antes de o relatório da hemocultura estar pronto (normalmente após 3-5 dias). A PCT ajuda a evitar a terapêutica antibiótica quando esta não é necessária, reduzindo assim os custos e a ocorrência de resistência bacteriana. A PCT também pode ser utilizada para o prognóstico da sépsis.

A procalcitonina tem sido intensamente investigada pelo seu papel de diagnóstico na sépsis neonatal. Foi referido que foi encontrada uma concentração elevada de PCT plasmática em bebés com infeção grave, enquanto os níveis de PCT eram muito baixos nos bebés sem infecções **(Khoshdel *et al.*, 2008). Sakha *et al.*, (2008),** no seu estudo, mostraram que a sensibilidade e a especificidade do nível sérico de PCT eram de 92,6 e 97,5%, respetivamente, no diagnóstico de recém-nascidos com suspeita de sépsis.

A expressão de neutrófilos CD64 de >30% é o valor de corte ideal para este parâmetro. Com este valor de corte, a sensibilidade, a especificidade, a exatidão, o VPP e o VPN foram de 84,4%, 100%, 94,2%, 100% e 98,3 respetivamente (especificidade perfeita), **Tabela (3-13).**

Elawady et al., **(2014)** no seu estudo, mostraram que o melhor valor de corte de CD64 da curva ROC para avaliação; o valor de corte de 46% para sépsis provável, foram considerados óptimos, uma vez que exibiram uma elevada sensibilidade de 96%, especificidade de 100%. VPP (96,2%) e VPN (100%), em comparação com outros parâmetros hematológicos.

A expressão de linfócitos CD69 de >17% é o valor de corte ótimo para este parâmetro. Com este valor de corte, a sensibilidade, a especificidade, a exatidão, o PPV e o NPV foram, respetivamente, 71,1%, 81,3%, 77,5%, 97,2% e 96,2%. Se o valor de corte for aumentado para >51%, o teste será 100% específico e, por extensão, 100% diagnóstico, sendo capaz de estabelecer um possível diagnóstico de sépsis com 100% de confiança em qualquer situação clínica (qualquer probabilidade pré-teste). Se o valor de corte for diminuído para >3%, a sensibilidade será 100% perfeita. Um teste negativo (expressão de linfócitos CD69^%) pode excluir um possível diagnóstico de sépsis neonatal com 100% de confiança em qualquer situação clínica, **Tabela (3-12).**

Labib et **al., (2013),** os resultados mostraram que os linfócitos CD69 têm Sensibilidade Especificidade Valor preditivo positivo e Valor preditivo negativo como , 100% , 44,4%, 83,9% e 100%, respetivamente.

Relativamente aos parâmetros de leucócitos, a confiança num diagnóstico positivo aumenta ainda mais para 96,1% quando o diagnóstico diferencial de sépsis é altamente suspeito (90% de probabilidade pré-teste). Por outro lado, um teste negativo (obtenção de uma contagem de leucócitos <7800 xlO /mm) pode excluir um possível diagnóstico de sépsis neonatal com 94,4% de confiança numa situação clínica em que a sépsis neonatal é de muito baixa possibilidade (probabilidade pré-teste = apenas 10%). Aumentar ainda mais o valor de corte para >9250 x10 /mm[63] tornará o teste 100% específico e, por extensão, 100% diagnóstico, sendo capaz de estabelecer um possível diagnóstico de sépsis com 100% de confiança em qualquer situação clínica (qualquer probabilidade pré-teste), **Tabela (3-12).**

A contagem de leucócitos foi considerada um teste fraco, pelo que se pode explorar o desempenho do valor de corte ótimo fixado em >7800 x10 /mm[63] . Com este valor de corte, o teste é 57,8% sensível e 78,7% específico. Um teste positivo com este valor de corte ótimo (com uma contagem de leucócitos de 7800 xl0 /mm[63] ou superior) pode estabelecer um possível diagnóstico de sépsis neonatal provável com 73% de confiança numa situação clínica em que a sépsis tem probabilidades iguais (50% de probabilidade pré-teste), **tabela (3-12).**

A confiança num diagnóstico positivo aumenta ainda mais para 96,1% quando o diagnóstico diferencial de sépsis é altamente suspeito (90% de probabilidade pré-teste). Por outro lado, um teste negativo (obtenção de uma contagem de leucócitos <7800 xl0 /mm[63]) pode excluir um possível diagnóstico de sépsis neonatal com

94,4% de confiança numa situação clínica em que a septicemia neonatal é de muito baixa possibilidade (probabilidade pré-teste = apenas 10%). Aumentar ainda mais o valor de corte para >9250 x10 /mm[63] fará com que o teste seja 100% específico e, por extensão, 100% diagnóstico, sendo capaz de estabelecer um possível diagnóstico de sépsis com 100% de confiança em qualquer situação clínica (qualquer probabilidade pré-teste), **Tabela (3-13).**

4.7. Estudo genético

O CD 14 é um componente do complexo recetor de LPS, e o LPS não provoca uma resposta em ratinhos CD 14- null **(Moore *et al.,* 2000).** Foi identificado um local polimórfico com uma alteração de C para T 159 nucleótidos a montante do local de início da transcrição (260 pares de bases a montante do início da tradução)/ **LeVan et *al.;* 2001).**

Este local polimórfico situa-se na região promotora do gene *CD14*, e o alelo T apresenta uma atividade transcricional aumentada quando testado em ensaios de repórteres **(LeVan** et al.;

2001). Como seria de prever, os indivíduos homozigóticos para o alelo _159T têm níveis aumentados de CD14 (**Koenig** et al., **2002).** Foram efectuados vários estudos para examinar se o local polimórfico _159 está associado a infeção ou sépsis, com resultados contraditórios (**Heesen** ***et al.*****, 2002).**

4.7.1. Polimorfismo do gene CD14 /C-159T e risco de sépsis neonatal com cultura positiva (comprovada).

A análise genotípica revelou 3 genótipos TT, CC e TC. Quando se analisou a distribuição genotípica do polimorfismo C-159T em recém-nascidos sépticos, o genótipo TT foi o mais frequente nos grupos com sépsis comprovada e provável (53,3% e 55,6%), respetivamente. Por outro lado, o genótipo CC foi o predominante no grupo de controlo (56%). Verificou-se uma taxa estatisticamente significativa de genótipos TT mais elevados e CC mais baixos nos recém-nascidos com septicemia comprovada em comparação com o grupo de controlo (p<0,001), OR = 13,14 e IC 95% 4,37 - 39,48), **Tabela (3-14).**

Além disso, verificou-se uma taxa estatisticamente significativa de genótipos TT e CC inferiores em recém-nascidos provavelmente sépticos em comparação com o grupo de controlo (p<0,001), OR = 14,38 e 95% CI 5,18 - 39,9), **Tabela** (3-15). O SNP do CD 14 / -159, no que diz respeito aos genótipos CC e TT, apresentou uma taxa estatisticamente significativa de genótipo TT mais elevado e CC mais baixo nos recém-nascidos sépticos em comparação com o controlo. O genótipo mutante homozigótico (TT) é pouco frequente na população de controlo (8,0%), mas tem uma frequência aumentada nos recém-nascidos com sépsis (53,3%). Este genótipo confere um odds ratio (OR) de (13,1). Enquanto o genótipo heterozigótico (CT) é encontrado em (36%) dos indivíduos de controlo e (26,7%) dos doentes e confere um OR de (0,65), em contraste, o genótipo homozigótico de tipo selvagem (CC) teve uma frequência mais elevada nos indivíduos de controlo (56%) em comparação com os recém-nascidos com sepsia (20%) (OR) de (0.2). Além disso, o genótipo TT sugere obviamente uma etiologia para a sépsis, uma vez que tem uma fração etiológica (EF) de (0,493). Em contrapartida, o genótipo CC teve um papel bastante preventivo, uma vez que tinha uma fração protetora (PF) de (0,450), **Tabela (3-14).**

4.7.2. Frequência dos alelos CD14 /C-159T

O alelo T é mais frequente (66,7%) em recém-nascidos com septicemia comprovada do que o alelo C (33,3%), mas em recém-nascidos saudáveis o alelo T (26%), o alelo C (74%), o alelo T sugere obviamente um fator etiológico para a septicemia, uma vez que tem uma fração etiológica (FE) de (0,574), Em contraste, o alelo C tem um papel bastante preventivo, uma vez que tem uma fração protetora (FP) de (0,82), **Tabela (3-14).**

Do mesmo modo, o alelo T tem uma frequência mais elevada (68,9%) em neonatos provavelmente sépticos do que o alelo C (31,1%), mas em neonatos saudáveis o alelo T (26%), o alelo C (74%), o alelo T tem uma fração etiológica (FE) de (0,11), em contraste, o alelo C tem um papel bastante preventivo, uma vez que tem uma fração protetora (FP) de (0,62), **Quadro (315).**

A distribuição dos genótipos (TT, CC e CT) nos doentes e nos controlos está de acordo com os resultados de **Sharaf** ***et*** al., **(2010), tendo-se** verificado que o genótipo TT era de 47,5 % entre os recém-nascidos com septicemia, enquanto o genótipo TT era de 25 % no grupo de controlo.

Do mesmo modo, **Hartel** ***et al.*****, (2008),** afirmaram que o CD 14 era mais elevado nos homozigotos CD 14 /C-159T, uma vez que o CD14/-159T era transcricionalmente mais ativo do que a variante alélica nas células monocíticas. Além disso, **Martin** ***et*** **al. (2005)** revelaram que a mutação homozigótica 159T do gene CD14 (CD14 /C-159T) está associada a uma elevada taxa de mortalidade na sépsis devido a uma resposta reduzida do sistema imunitário inato nos portadores desta mutação e pode estar associada a uma taxa mais elevada de infecções bacterianas. Outro estudo realizado por **An-qiang** ***et al.*****, (2013),** relatou que o CD14 /C-159T está associado à sepse com resultados inconsistentes. **De Faria** ***et al.*****, (2008),** relataram que o polimorfismo do gene CD 14 /C-159T foi associado ao aumento da expressão in vitro do CD 14 no soro de crianças com níveis séricos de IgE alterados e teste alérgico positivo em diferentes populações. Estes dados permitem compreender o papel patogénico do polimorfismo CD 14/C-159T na patogénese da sépsis, uma vez que o polimorfismo 159 TT pode favorecer o aumento do risco de contrair infecções. Estudos populacionais mais alargados podem clarificar o papel real dos polimorfismos genéticos na suscetibilidade à infeção e podem fornecer uma pista para abrir a possibilidade de uma nova intervenção terapêutica.

CAPÍTULO 5

Conclusão

1. Os níveis séricos de PCT são um marcador mais fiável do que a contagem de leucócitos no diagnóstico precoce da sépsis neonatal.
2. A avaliação citométrica de fluxo de neutrófilos CD64 e linfócitos CD69 foi capaz de diferenciar neonatos com sepse de neonatos sem sepse.
3. O CD64 dos neutrófilos é um marcador altamente sensível e específico da sépsis neonatal. Justifica-se a realização de estudos prospectivos que incorporem o CD64 num sistema de pontuação da sépsis. No entanto, é necessário avaliar as questões importantes do custo e da disponibilidade num contexto clínico de rotina.
4. A avaliação citométrica de fluxo de neutrófilos CD64 pode ser considerada como um marcador rápido e fiável para o diagnóstico de sépsis neonatal bacteriana em comparação com outros marcadores de diagnóstico convencionais e de rotina. Poderão ser efectuados mais estudos em grande escala para obter resultados mais precisos.
5. CD69 como marcador da atividade das células T na primeira semana de septicemia neonatal. E podem ajudar no diagnóstico e no acompanhamento dos doentes. É necessária mais investigação para utilizar estes marcadores como marcadores de início de diagnóstico precoce da sépsis neonatal e como marcadores de prognóstico.
6. A prevalência da deteção do SNP do polimorfismo do gene *CD14 (C-159f)* é significativamente mais elevada nos doentes com neonatos com septicemia comprovada e com septicemia provável do que no grupo de controlo. Este facto fornece fortes indícios de que o gene *CD14 (C-1591)* pode desempenhar um papel importante na suscetibilidade à sépsis.

RECOMENDAÇÃO

1. São necessários mais estudos para medir a eficácia de cada marcador de superfície leucocitária como ferramenta de diagnóstico e realçar mais claramente o papel destes marcadores na sépsis neonatal.

2. O benefício de medir a PCT sérica por rotina no diagnóstico e acompanhamento da sépsis neonatal é o facto de reduzir os custos hospitalares. Este benefício pode apoiar uma aceitação mais alargada do teste na prática de rotina.

3. No futuro, o CD64 dos neutrófilos deve ser mais bem avaliado e considerado como um

potencial biomarcador da sépsis neonatal em contextos clínicos de rotina.

4. Com a evidência de que os factores genéticos desempenham um papel na suscetibilidade à sépsis, tal como confirmado por outros estudos, a avaliação de outros factores genéticos, tais como a genotipagem e os polimorfismos HLA, é uma medida adequada para a prevenção da sépsis.

   aborda a necessidade de estudos mais rigorosos e objectivos.

Referências

Adefurin, A.; Sammons, H.; Jacqz-Aigrain, E. e Choonara, I. (2011). Segurança da ciprofloxacina em pediatria: uma revisão sistemática. Arch. Dis. Child. 96(9):874-80.

Adib, M.; Bakhshiani, Z.; Navaei. F.; Saheb Fosoul, F.; Fouladi, S. e Kazemzadeh, H. (2012). Procalcitonina: um marcador fiável para o diagnóstico de sépsis neonatal. Iran J. Basic Med. Sci. 15:777-82.

Aletayeb, M.; Khosravi, A.; Dehdashtian, M.; et. al. (2011). Identificação de agentes bacterianos e suscetibilidade antimicrobiana da sépsis neonatal Um estudo de 54 meses num hospital terciário. Revista Africana de Investigação Microbiológica. **5(5):** 528-531.

Allen, E.; Bakke, A.; Purtzer, M.; et. al. (2002) Neutrophil CD64 expression: Distinguir a doença autoimune inflamatória aguda da infeção sistémica. Ann. Rheum. Dis. 61:522-525.

Altunhan, H.; Annagur, A.; Ors, R. e Mehmetoglu, I. (2011). A medição da procalcitonina às 24 horas de idade pode ser útil no diagnóstico imediato da sépsis neonatal de início precoce. Int. J. Infect. Dis. 15:e854-8.

Aly, A.; Mahmoud, A.; Eissa ,N. et. al. (2012). Diagnóstico precoce da sépsis neonatal: Uma abordagem molecular e deteção de marcadores de diagnóstico versus hemocultura convencional. Tese de doutoramento (Microbiologia). Faculdade de Medicina da Universidade de Menoufia. p.8-82.

Ananthakrishnan ,S. e Gunasekaran, D. (2009).Etiologia e factores de risco para a sépsis neonatal de início precoce. Indian J. Med. Microbiol. 30;27:279.

Andrejaitiene, J. (2006).O valor do diagnóstico na sépsis grave. Medicina Kaunas .;42: 69-78.

An-qiang, Z.; Cai-li, Y.; Wei, G.; Juan, D.; Hai-yan, W. e Jianxin. J. (2013).Associação entre o polimorfismo do promotor CD14 -159C/T e o risco de sepse e mortalidade: A Systematic Review and MetaAnalysis. PLOS ONE .8:8, e71237.

Anwer, S.; Mustafa, S. e Ashraf, S. (2000). Identificação rápida da sépsis neonatal (Departamento de Pediatria, Abbasi Shaheed Hospital, Karachi). Pak. Med. Assoc.; 50:94-98.

Arnon, R. e Litmanovitz, I. (2008). Testes de diagnóstico na sépsis neonatal. Curr. Opin. Infect. Dis. **21:** 223-227.

Ashcroft, R.G. e Lopez, P.A. (2000).Máquinas comerciais de alta velocidade abrem novas oportunidades na citometria de fluxo de alto rendimento. J. Immunol. Methods. 243:13.

Auriti, C.; Fiscarelli, E.; Ronchetti, M.P. et. al. (2012). Procalcitonina na deteção de sépsis nosocomial neonatal. Arch. Dis. Criança Fetal Neonatal Ed ;97:F368-70.

Avitzur, Y.; Amir, J. (2002). Infeção herpética de whitlow num pediatra geral - um risco profissional. Infect.;30(4):234-6.

Bahl, R.; Martines, J.; Ali, N. et. al. (2009). Prioridades de investigação para reduzir a mortalidade global por infecções neonatais até 2015. Pediatr. Infect. Pediatr. J. **28(1** Suppl):S43-S48.

Bailey e Scott's (2007). Diagnostic Microbiology , 12ª ed. Philadelphia: Mosby Elsevier. Imprensa do Missouri.

Bain, B.J. (2010). Leukemia - diagnosis 4th ed. Publicação Wiley-Blackwell, Reino Unido.

Bakke, A.C.; Purtzer, M.Z. e Deodhar, A. (2001). Expressão de neutrófilos CD64 que distingue a doença autoimune inflamatória aguda das infecções sistémicas. Clinical Appl. Immunology Rev. 267-275.

Ballot, D.; Nana, T.; Sriruttan, C.; et. al. (2012). Infecções bacterianas da corrente sanguínea em neonatos num país em desenvolvimento.ISRN Pediatrics.Article I.D. 508512, 6 páginas.

Ballot, D.E.; Perovic, O.; Galpin ,J. e Cooper, P.A. (2004). Serum procalcitonin as an early marker of neonatal sepsis. S. Afr. Med. J.94(10):851-4.

Bang, AT.; Bang ,RA.; Baitule, SB.; Reddy, MH. e Deshmukh, MD. (1999). Effect of home based neonatal care and management of sepsis on neonatal mortality. Field trial in rural India. Lancet. 354:1955-61.

Barenfanger,j.; Drake, C. e Lawhorn ,J. (2004). Comparação entre a clorohixidina e a tintura de iodo para a antissepsia da pele na preparação para a recolha de amostras de sangue. J. Clin. Microbiol. 42:2216.

Battye, F.L.; Light, A. e Tarlinton, D.M. (2000).Single cell sorting and cloning. J. Immunol.

Methods. **243:** 25.

Belderbos, M.E.; Levy, O.; Stalpers, F. et. al. (2012). O plasma neonatal polariza as respostas de citocinas mediadas por TLR4 para baixa produção de IL-12p70 e alta produção de IL-10 por meio de fatores distintos. PLOS ONE.7:e33419.

Beltrami, E.; Kozak, A.; Williams, I. et. al. (2003). Transmissão do VIH e do vírus da hepatite C de um doente de um lar de idosos para um profissional de saúde. A. J. Infect. Cont. 31(3): 168-75.

Benitz, W.E. (2010). Testes laboratoriais adjuntos no diagnóstico da sepse neonatal precoce. Clin. Perinatol. 37:421-38.

Benjamin, D.K. Jr. e Stoll, B.J. (2006). Infeção em bebés pré-termo tardios. Clin. Perinatol. **33:** 871-82.

Bhandari, N.; Bahl ,R.; Mazumdar, S.; Martines, J.; Black, R.E. e Bhan, M.K. (2003).Effect of community-based promotion of exclusive breastfeeding on diarrhoeal illness and growth: a cluster randomized controlled trial. Lancet. **361(9367):** 1418-23.

Bhandari, V.; Wang, C. e Rinder, C. et. al. (2008). Perfil hematológico da sépsis em recém-nascidos: CD64 de neutrófilos como marcador de diagnóstico. Pediatria. 121:(l)p.l29-134.

Bhutta, Z.A.; Darmstadt, G.L.; Hasan, B.S. e Haws, R.;A. (2005). Community-based interventions for improving perinatal and neonatal health outcomes in developing countries: a review of the evidence. Pediatrics. **115(2):** 519-617.

Bischoff, W.; Reynolds, T.; Sessler, C. et. al. (2000). Handwashing compliance by health care workers, the impact of introducing an accessible alcohol based hand antiseptic. Arch. Intern. Med. 160:1017-21.

Bizzarro, M.J.; Raskind, C.; Baltimore, R.S. e Gallagher, P.G. (2005). Setenta e cinco anos de sepse neonatal em Yale: 1928-2003. Pediatrics. 116:595-602.

Bodkhe ,H.l.; Sarkate ,V.; Sarkate ,P. e Tardeja , N. (2014). Perfil bacteriano da sepse neonatal e o papel dos biomarcadores. Revista Internacional de Tendências Recentes em Ciência e Tecnologia: 12(1): 141-146.

Boo ,N.Y.; Nor Azlina, A.A. e Rohana, J. (2008). Utilidade de um kit de teste semi-quantitativo de procalcitonina para o diagnóstico precoce da sépsis neonatal. Singapore Med. J.49:204-08.

Borna,H. e Borna, S. (2005). Valor dos testes laboratoriais e da proteína C-reactiva na deteção de sepsis neonatal.The Internet Journal of Pediatrics and Neonatology; 5 (2):23.

Brandtzaeg, P. (2010). O sistema imunitário da mucosa e a sua integração com as glândulas mamárias. J. Pediatr.156:S8-15.

Brook, I. (2008). Bacteremia e septicemia devido a bactérias anaeróbias em recém-nascidos. J. Neo. Per. Med. 201-208.

Brooks, G.F.; Butel ,S. e Morse, S.A. (2001). Herpesvírus. Jawetz, Melnick e Adelberg's. Medical Microbiology, 22th ed., Lange Medical books, chapter 33, and Morse S.S. (2001). Lange Medical books, capítulo 33, Pp. 370-390.

Bryce, J.; Boschi-Pinto, C.; Shibuya, K. et. al. (2005). Estimativas da OMS sobre as causas de morte em crianças . Lane. **365:** 1147-1152.

Buch, A.; Srivastava, V.; Kumar, H. et. al. (2011). Avaliação do perfil hematológico no diagnóstico precoce de casos clinicamente suspeitos de sépsis neonatal. Revista Internacional de Ciências Médicas Básicas e Aplicadas; 1(1): 1-6.

Camp ,C. e Tatum, O. (2010). A Review of Acinetobacter baumannii as aHighly Successful Pathogen in Times of War. Lab. Med. 41(11):649- 657.

Cardelli, P.; Ferraironi, M.; Amode, R.; et. al. (2008). Avaliação da expressão de neutrófilos CD64 e procalcitonina como marcadores úteis em

diagnóstico precoce da sépsis. Int. J. Immunopathol. Pharmacol.; 21(1): 4349.

Carivaro, V.; Di Popolo, A.; Caprio, A.; et. al. (2009). Pseudomonas aeruginosa numa unidade de cuidados intensivos neonatais: epidemiologia molecular e medidas de controlo de infecções. B.M.C. Infect.Dis. 9:70.

Carr,R.; Brocklehurst, P.; Dore, C.J. et. al. (2009).Granulocyte-macrophage colony stimulating fator administered as prophylaxis for reduction of sepsis in extremely preterm, small for gestational age neonates (the programs trial): a singleblind, multicentre, randomised controlled trial. Lancet .373:226-33.

Carr,R. (2000). Produção e função de neutrófilos em recém-nascidos. Br. J. Haematol.110:18-28.

Carrol, CD.; Thomson ,APJ.; e Hart, CA. (2002). Procalcitonin as a marker of sepsis. Int. J. Antimicrob. Agents. 20: 1-9.

CDC, (2000). Guidelines for preventing opportunistic infections among hematopoietic stem cell transplant recipients. Recomendações do CDC, da Infectious Disease Society of America e da American Society of Blood and Marrow Transplantation. MMWR, Morbidity & Mortality Weekly Report; 49(RR-10);l-125.

Cernada, M.; Badia, N.; Modesto, V.; Alonso, R. et. al. (2012). Interleucina-6 do sangue do cordão umbilical como preditor de sepse neonatal de início precoce. Ata. Paediatr.; 101:e203-7.

Cetinkaya, M.; Ozkan, H.; Koksal, N.S. e Qelebi, M.H.I. (2008). Comparação das concentrações séricas de amiloide A com as de proteína C reactiva e procalcitonina no diagnóstico e acompanhamento da sépsis neonatal em bebés prematuros. J. Perinatol; 29(3):225-31.

Chan, T.; e Gu, F.;(2011): "Diagnóstico precoce da sépsis utilizando biomarcadores séricos". Expert. Rev. Mol.Diagn.;ll(5):487-496.

Chiesa, C.; et. al.(2004). Diagnóstico da sépsis neonatal, um desafio clínico e laboratorial. Clin. Chern. 50(2): p. 279-87.

Chiesa, C.; Natale, F.; Pascone, R.; et. al. (2011). Proteína C reactiva e procalcitonina: intervalos de referência para recém-nascidos pré-termo e a termo durante o período neonatal precoce. Clin. Chim. Ata. 412:1053 9.

Chiesa, C.; Signore, F.; Assumma, M.; et .al.(2001). Medições seriadas da proteína C-reactiva e da interleucina-6 no período pós-natal imediato: intervalos de referência e análise de factores de confusão maternos e perinatais. Clin. Chern. 47: 1016-22.

Chirico, G. e Loda, C. (2011). Auxílio laboratorial ao diagnóstico e terapêutica da infeção no neonato . Relatórios Pediátricos; 3:el.

Choo, Y.; Cho, H.; Seo, I.; et. al. (2012).Comparação da precisão do CD64 de neutrófilos e da proteína C-reactiva como teste único para a deteção precoce da sépsis neonatal. Korean J.Pediatr. 55(1): 11-17.

Cid, J.; Aguinaco, R.; Sanchez, R.; et. al. (2010). Expressão de neutrófilos CD64 como marcador de infeção bacteriana: A systematic review and metaanalysis. J. Infect. 60(5):313-319.

Cohen, S. e Burns, R.C. (2002). Caminhos da polpa. 8ª ed. St Louis: Mosby; p. 465pp.

Cohen-Wolkowiez, M.; Moran, C.; Benjamin, D.; et. al. (2009). Sepsis precoce e tardia em bebés prematuros tardios. Pediatr. Infect. Infect. J., 28(12): 10521056.

Cordero,L.; Rau, R. e Tylor,D. (2004).Infecções da corrente sanguínea por bacilos Gram-negativos entéricos: 17 anos de experiência numa unidade de cuidados intensivos neonatais. Control ;32(80): 189-195.

Costello, A.; Francis, V.; Byrne, A. e Puddephatt, C. (2001). State of the world's newborns: a report from Saving Newborn Lives. Washington DC: Save the Children e Women and Children First.

Couto, R.C.; Carvalho, E.A.; Pedrosa, T.M. et. al. (2007). Uma vigilância de 10 anos de infecções nosocomiais numa unidade de cuidados intensivos neonatais. Am. J. infec. Control. Apr. 35(3): 183-9

Creedon, S. (2005).Práticas de descontaminação das mãos dos profissionais de saúde: cumprimento das diretrizes recomendadas. J. Adv. Nurs, 51(3):208- 216.

DaSilva Correia, J.; Soldau, K.; Christen, U. et.al. (2001). O lipopolissacarídeo está em estreita proximidade com cada uma das proteínas do seu complexo recetor de membrana: transferência de CD14 para TLR4 e MD-2. J. Biol. Chem. 276:21129.

Darlow, B.A. and Graham, P.J.(2007).Vitamin A supplementation to prevent mortality and short and long-term morbidity in very low birth weight infants. Base de dados Cochrane Syst. Rev. (4):CD000501.

Darmstadt, G.L.; Batra,M. e Zaidi, A.K. (2009). Antibióticos parenterais para o tratamento de infecções bacterianas neonatais graves no contexto de países em desenvolvimento. Pediatr. Infect. Infect. J. 28(3):37 42.

Daugherty, P.S.; Iverson, B.L. e Georgiou, G.(2000). Rastreio citométrico de fluxo de bibliotecas baseadas em células. J. Immunol. Methods. **243:** 211.

Davies, J. e Davies, D. (2010). Origins and Evolution of Antibiotic Resistance (Origens e evolução da resistência aos antibióticos). Micro. Mol. Bio. Rev. 74(3):417-33.

Davis, B.H. e Bigelow, N.C. (2005). Comparação da expressão de neutrófilos CD64, contagens manuais de imaturidade mieloide e sinalizadores automatizados de analisadores de hematologia como indicadores de infeção ou sépsis. Laboratório. Hematologia. **11(2),** 137-147.

Davis, B.H.; Olsen, S.H; Ahmad, E. e Bigelow, N.C. (2006). Neutrophil CD64 is an improved indicator of infection or sepsis in emergency department patients. Arch. Pathol. Lab. Med. **130:** 654-661.

De Faria, I,; De Faria, E.; Toro, A.; Riberioro, D. e Bertuzzo, C. (2008). Associação dos polimorfismos dos genes TGF-bl, CD 14, IL-4, IL-4R e ADAM33 com a gravidade da asma em crianças e adolescentes. J. Pediatr. (Rio J.), **84(3).**

Desenclos, J.; Bourdiol-Razes, M.; Rolin ,B.; et.al.(2001). Hepatite C numa enfermaria para fibrose quística e doentes diabéticos: possível transmissão através de dispositivos de picada no dedo com mola para auto-monitorização da glucose no sangue capilar. Infect. Cont. Hosp. Epid.; 22(11):701-7.

Deville, J.G.; Adler, S.; Azimi, P.H. et. al.(2003). Linezolida versus vancomicina no tratamento de infecções grampositivas resistentes conhecidas ou suspeitas em recém-nascidos. Pediatr. Infect. Pediatr. J. 22(suppl 9):S158-63.

Dhlamini, M.; Suchard, M.; Wiggill, T.; et. al. (2013). Neutrófilo CD64 tem um alto valor preditivo negativo para exclusão de sepse neonatal.S. Afr. J. CH. 7(l):25-29.

Dhlamini, M.B.; Suchard, M.S.; Wiggill, T.M. e Ballot, D.E. (2011). O CD64 dos neutrófilos tem um valor preditivo negativo elevado para a exclusão da sépsis neonatal. Revista SA de saúde infantil, 7(1), 25-29.

Duckro, A.; Blom, D.; Lyle, E.; et. al. (2005).Transferência de enterococos resistentes à vancomicina através das mãos de profissionais de saúde. Arch. Intern. Med. 165(3):302-7.

Dulay, A.T.; Buhimschi, I.A.; Zhao, G.et. al.(2008). Os glóbulos vermelhos nucleados são uma resposta direta a mediadores da inflamação em recém-nascidos com sepsia neonatal de início precoce. Am. J. Obstet .Gynecol. 198(4):426-el.

Edwards, M.S. e Baker, C.J. (2004). Sepsis no recém-nascido. *In:* Krugman, G. (ed). Infectious Diseases of Children (Doenças Infecciosas das Crianças). Mosby, St Louis, MO.; 54561.

Elawady, S.; Shahira, K.; Botros, Ashraf, E et. al. (2014). Neutrófilo CD64 como marcador de diagnóstico de sepse em neonatos. Jornal de Medicina Investigativa: **62,** 3; 644-649.

English, M.; Ngama, M. e Mwalekwa, L. (2004). Sinais de doença em bebés quenianos com menos de 60 dias de idade. Boletim do Órgão Mundial de Saúde ;82: 323-329.

Esparcia, O.; Montemayor, M.;Ginovart, G. et. al.(2011). Precisão diagnóstica de uma técnica molecular baseada no gene 16S do DNA ribossómico (RT-PCR, microarray e sequenciamento) para meningite bacteriana, sepse neonatal de início precoce e peritonite bacteriana espontânea. Diagn.Microbiol. Infect. Dis. 69:153-60.

Faix, J. (2013). Biomarcadores de sepse. Crit. Rev.Clin. Lab. Sci. **50(1):** 23-36.

Fjaertoft, G.; Ha°kansson, L.; Foucard ,T.; Ewald ,U. and Venge, P. (2005) CD64 (Fc gamma recetor I) cell surface expression on maturing neutrophils from preterm and term newborn infants. Ata. Paediatr. **94:** 295-302.

Gandhi, S.; Ranjan, K.; Ranjan, N.; et. al. (2013).Incidência de sépsis neonatal num hospital de cuidados terciários. An overview. Revista Internacional de Ciências Médicas e Saúde Pública; 2(2): 47-55.

Garazzino, S. e Tovo, P.A.(2011). Experiência clínica com linezolida em bebés e crianças. J Antimicrob. Chemother. 66(suppl 4):iv23-iv41.

Genel, F.; Atlihan ,F.; Gulez, N.; et. al.(2012). Avaliação das moléculas de adesão CD64, CD1 lb e CD62L em neutrófilos e monócitos do sangue periférico para o diagnóstico precoce da infeção neonatal . World J. Pediatr. 8:72-75.

Genel, F.; Atlihan, F.; Gule, N. e Kazanci, E. (2011). Avaliação das moléculas de adesão CD64, CD 11b e CD62L em neutrófilos e monócitos do sangue periférico para o diagnóstico precoce da infeção neonatal. World J Pediatr., 8: 72-75.

Giamarellos-Bourboulis, E.J. (2010). Qual é a fisiopatologia do hospedeiro sético na admissão. Int. J. Antimicrobe. Agents. S2:S2-S5.

Gogia, S. e Sachdev, H.S. (2009). Suplementação neonatal de vitamina A para a prevenção da mortalidade e morbilidade na infância: revisão sistemática de ensaios aleatórios controlados. B.M.J. 338: b919.

Gonzalez, B.E.; Mercado, C.K.; Johnson, L.; Brodsky, N.L. e Bhandari, V. (2003).Marcadores precoces de sepse tardia em recém-nascidos prematuros: perfil clínico, hematológico e de citocinas. J. Perinat. Med. 31(l):60- 8.

Gottof, S.P; Behrman, R.E;Kleigman R.M. e Barker C.J (2008). Infeção do recém-nascido neonatal: Nelson Text book of Pediatrics, 16th edition. WB Saunders company, Pp538-552.

Gray, J.(2007). Vigilância da infeção em unidades de cuidados intensivos neonatais. E. H. Dev. 83(3): 157-163.

Gray, J.(2008). Que factores predizem a sepsia neonatal tardia adquirida no hospital. Pediatr. Heal. 2(4): 477-484.

Greiner, M.; Pfeiffer, D. e Smith, R.D. (2000). Princípios e aplicação prática da análise da caraterística de funcionamento do recetor para testes de diagnóstico. Prev Vet Med;45:23-41.

Griffin, M.P.; Lake, D.E.; O'Shea, T.M. and Moorman, J.R. (2007) Heart rate characteristics and clinical signs in neonatal sepsis. Pediatr. Res. 61(2):222-7.

Groselj-Grenc, M.; Than, A.; Pavcnik-Arnol, M.; et. al. (2009). Índices de neutrófilos e monócitos CD64, proteína de ligação a lipopolissacarídeos, procalcitonina e proteína C-reactiva na sépsis de neonatos e crianças gravemente doentes. Intensive Care Med. **35(**11): 1950-1958.

Guilmot, A.;Hermann, E.; Braud, V.M.; et. al.(2011). Respostas das células assassinas naturais a infecções no início da vida. J. Innate Immun. 3:280-8.

Guimaraes, S. F.; Parlato, M.; Philippart, F.; Misset, B.; Cavaillon, J.M. e Adib-Conquy, M.(2012) .Grupo de Estudo C: Expressão de receptores Toll-like e produção de interferongamma por células NK na sepse humana. Crit. Care, 16:R206.

Hamdi, N.; Fadel, A. e Eatedal, G. (2014) Testes de Imunidade Inata e CD69 em Septicemia de Bebés. Medicina Clínica e Diagnósticos, 4(6): 113-117.

Hartel, C.; Rupp, J.; Hoegemann, A.; Bohler, A.; Spiegla, J.; Vonotte, S.; Roda, K.; Schultz, C. e Copel, W. (2008) 159> TC CD14 genotype-functional effects on innate immune response in term neonates. Human Immunology; 69(6): 338-343.

Healy, C.M. e Baker, C.J. (2007). Maternal immunization" [Imunização materna]. Pediatr. Infect. Dis J. **26:** 945-8.

Heath, P.T.; Nik, Y. e Baker, C. (2003). Neonatal meningitis, Arch. Dis. Child Fetal Neonatal Ed., **88,** F173-178.

Heesen, M.; Bloemeke, B.; Schade, U.; et. al. (2002). O polimorfismo -260C para o promotor T do recetor de lipopolissacarídeo CD 14 e sepse grave em pacientes com trauma. Intens. Care Med. **28:**1161-1163.

Hengst, J.M. (2003). O papel da proteína C-reactiva na avaliação e tratamento de bebés com suspeita de sépsis. Adv. Neonatal Care .3:3-13.

Hodge, G.; Hodge, S.; Han, P. e Haslam, R. (2004). Marcadores de ativação de leucócitos múltiplos para detetar infecções neonatais. Clin. Exp. Immunol.; **135:** 125-129.

Hofer, N.; Muller, W. e Resch, B. (2011). As condições não infecciosas e a idade gestacional influenciam os valores da proteína C-reactiva em recém-nascidos durante os primeiros 3 dias de vida. Clin. Chem. Lab. Med.49:297-302.

Hofer, N.; Zacharias, E.; Muller, W. e Resch ,B. (2012).Uma atualização sobre a utilização da proteína C-reactiva na sépsis neonatal precoce: conhecimentos actuais e novas tarefas. Neonatologia; 102:25-36.

Hoffmann, J.J. (2009).Neutrófilo CD64: um marcador de diagnóstico de infeção e sépsis.Clinical. Chem. Lab. Med.47(8), 903-916.

Hogasen, A.K.; Overlie, I.; Hansen, T.W.; et. al.(2000). A análise do produto de ativação do complemento SC5 b-9 é aplicável em recém-nascidos, apesar da sua profunda deficiência de C9. J. Perinat. Med. ;28:39-48.

Hornik, C.P.; Benjamin, D.K.; Becker, K.C.; et. al.(2012). Uso da contagem completa de células sanguíneas na sepse neonatal de início precoce. Pediatr. Infect. Dis. 131:799-802.

Hussain, A.; Kairamkonda, V. e Jenkins, D.R. (2011). Tratamento bem-sucedido de bacteriemia por Staphylococcus aureus resistente à meticilina em - neonato usando daptomicina. J. Med. Microbiol. 60(pt 3):381-3.

Icardi, M.; Erickson, Y.; Kilborn, S.; et. al. (2009).O índice **CD64** fornece um teste simples e preditivo para a deteção e monitorização de sépsis e infeção bacteriana em doentes hospitalizados. J. Clin. Microbiol.47:3914- 3919.

Izzarro, M.J. e Gallaghe,r P.G. (2007).Organismos resistentes a antibióticos na unidade de cuidados intensivos neonatais. Semin. Perinatol. 31(l):26-32.

Jaiswal, A.; Murki, S.; Gaddam, P. e Reddy, A. (2011).Early neonatal morbidities in late preterm infants. Indian Pediatrics, vol. **48,** no. 8, pp. 607-611.

Jajoo, M.; Kumar, V.; Jain, M.; Kumari, S. e Manchanda, V. (2011). Administração intravenosa de colistina em neonatos. Pediatr. Infect. Infect. J. **30(3):218-21.**

Jaswal, RS.; Kaushal, RK.; Goel, A. and Pathania, K. (2003) Role of the C- reactive protein in deciding the duration of the antibiotic therapy in neonatal septicaemia. Indian Pediatr. **40(9):** 880-3.

Jia, L.; Shen, Y.; Hu, Q.; et. al. (2013).Precisão do diagnóstico da expressão de neutrófilos CD64 na infeção neonatal. Uma meta-análise. Jornal de Investigação Médica Internacional; 1:1-10.

Jia-Horing, J., et al.(2004).Sepsis neonatal na unidade de cuidados intensivos neonatais: caraterísticas do início precoce versus início tardio. J. Microbiol. Immunol. Infect.37:301-306.

Joram, N.; Boscher, C.; Denizot, S.; et. al.(2006).Umbilical cord blood procalcitonin and C reactive protein concentrations as markers for early diagnosis of very early onset neonatal infection. Arch. Dis. Child Fetal Neonatal ed. 91(1): F65-F66.

Jyothi, P.; Basavaraj, M. C. e Basavaraj, P.V. (2013). Perfil bacteriológico da septicemia neonatal e padrão de suscetibilidade a antibióticos dos isolados. J. Nat. Sci. Biol. Med. Jul. 4(2):306-99.

Kadhim, M. M. (2010). Avaliação de algumas técnicas imunológicas e moleculares para o diagnóstico precoce da sépsis neonatal bacteriana. Tese de doutoramento (Microbiologia). Universidade de Kufa, Faculdade de Medicina.

Kaguelidou, F.; Turner, M.A.; Choonara, I. e Jacqz-Aigrain, E. (2011). Uso de ciprofloxacina em neonatos: uma revisão sistemática da literatura. Pediatr. Infect. Pediatr. J. 30(2):e29-37.

Kaistha, N.; Mehta, M.; Singla, N.; Garq, R. e Chander, J. (2009) Neonatal septicaemia isolates and resistance patterns in a tertiary care hospital in North India. J. infect. Dev. Ctries. Nov 13. 4(l):55-7

Karen,E. e Anita,Z. (2010).New Approaches to Preventing, Diagnosing, and Treating Neonatal Sepsi. PLOS Med. 7(3): 213.

Karlowicz, M.G.; Buescher, E.S. and Surka, A.E. (2000).Fulminant late-onset sepsis in a neonatal intensive care unit, 1988-1997, and the impact of avoiding empiric vancomycin therapy. Pediatrics. 106:1387- 90.

Kasper, D.C.; Altiok, I.; Mechtler, T.P. et. al. (2013). Deteção molecular de sepse neonatal de início tardio em bebês prematuros usando pequenos volumes de sangue: prova de conceito. Neonatologia . 103:268-73.

Kaufman, D. e Fairchild, K. (2004). Clinical Microbiology of Bacterial and Fungal Sepsis in Very Low Birth Weight Infants (Microbiologia Clínica da Sepse Bacteriana e Fúngica em Bebês de Muito Baixo Peso ao Nascer). Clin. Mier. Rev. 17(3): 638-680.

Kaur, K.; Mahajan, R. e Tanwar, A. (2013). Um novo marcador de procalcitonina pode ajudar a conter o uso excessivo de antibióticos em situações de emergência. Int. J. Appl. Basic Med. Res. **3:** 77-83.

Kenneth, M.; Wener, M.D. e Burlington, M.A. (2007).Departamento de Doenças Infecciosas. Clínica Lahey . Revisão fornecida pela Veri Med Healthcare Network.

Khaleda, B.K.; Sultana,T.; Chandan, K.R et. al. (2010).Role of Hematologic Scoring System in Early Diagnosis of Neonatal septicemia. Jornal BSMMU. 3(2), 62-67.

Khalifa, R.A.; Shehat, I.H. e Elsayed, M.K. (2007). Valor Diagnóstico do Neutrófilo CD64 em Pacientes com Síndrome de Resposta Inflamatória Sistémica (SIRS). Egito J. Med. Lab. Sci. **16:** 1-13.

Khan, N.; Wang, Y.; Kim, K.; et. al.(2002).Cytotoxic necrotizing fator-1 contributes to Escherichia coli KI invasion of the central nervous system. J. Biol. Chem. 277:15607-15612.

Khassawneh, M.; Hayajneh, W.A.; Kofahi, H. et. al. (2007).Marcadores de diagnóstico da sépsis neonatal: comparação da proteína C-reactiva, interleucina-6 e imunoglobulina M. Scand. J. Immunol. 65(2): 1715.

Khoshdel, A.; Mahmoudzadeh, M.; Kheiri, S. et. al. (2008). Sensibilidade e especificidade da procalcitonina no diagnóstico da sépsis neonatal. Iran J. Pathol. 3:203- 207.

Klein, E.; Smith, D. e Laxminarayan, R. (2007). Hospitalizations and Deaths Caused by Methicillin-Resistant Staphylococcus aureus (Hospitalizações e mortes causadas por Staphylococcus aureus resistente à meticilina). Estados Unidos 1999-2005. EID.; 13(12):1840-1847.

Kocher, S.; Muller, W. e Resch, B. (2010).Tratamento com linezolida de infecções bacterianas nosocomiais com agentes patogénicos Gram-positivos multiresistentes em bebés prematuros: uma revisão sistemática. Int. J. Antimicrob. Agents. **36(2):** 106-10.

Koenig, W.; **Khuseyinova,** N.; **Hoffman, M.M.; et. al. (2002)** CD14 C(-260) - _T polymorphism, plasma levels of the soluble endotoxin recetor CD 14, their association with chronic infections and risk of stable coronary artery disease. J. Am. Coll. Cardiol. 40:43-42.

Koksal, N.; Harmanci, R.; Cetinkaya, M. e Hacimustafaoglu, M. (2007). Role of procalcitonin and CRP in diagnosis and follow-up of neonatal sepsis. Turk. J. Pediatr. **49:21-9.**

Kollmann, T.R.; Crabtree, J.; Rein-Weston, A.; et .al. (2009). As respostas inatas neonatais mediadas por TLR são distintas das dos adultos. J. Immunol.**183:** -150-60.

Kovatchev, B.P.; Farhy, L.S.; Cao, H.; Griffin ,M.P. et. al. (2003).Sample asymmetry analysis of heart rate characteristics with application to neonatal sepsis and systemic inflammatory response syndrome. Pediatr. Res. 54(6):892-8.

Kumar, S.; Ingle, H.; Prasad, D.V. et .al. (2012). Reconhecimento de infeção bacteriana por sensores imunes inatos. Crit. Rev. Microbiol. [Epub ahead of print].

Labib, A. Z.; Ahmed, B.M.; Naira, A.E.; Fady, M. et. al. (2013). Diagnóstico precoce da sepse neonatal: Uma abordagem molecular e deteção de marcadores de diagnóstico versus cultura de sangue convencional. Revista Internacional de Investigação Microbiológica, 4(1), 77-85.

Lachowska ,M. and Gajewska, E.(2004).Utilidade da procalcitonina (PCT) como marcador de infecções sistémicas de início precoce em recém-nascidos pré-termo. Med. Sci. Monit. 10:33-35.

Lancet, (2008).Clinical signs that predict severe illness in children under age 2 months", a multicentre study; **371:** 135-142.

Lawn, JE.; Cousens, S. e Zupan, J. (2005). 4 milhões de mortes neonatais, quando? Onde? Porquê? Lancet. **365:** 891-900

Lawn, JE.; Wilczynska-Ketende, K. e Cousens, SN.(2006). Estimando a causa de quatro milhões de mortes neonatais no ano 2000. Int. J. Epidemiol. **35** (3): 706-18.

Layseca-Espinosa, E.; et. al.(2002). Expressão de CD64 como um potencial marcador de sépsis neonatal. Pediatr. Allergy. Immunol. 13(5): Pp. 319-27.

Leibovitz, E. (2006). O uso de fluoroquinolonas em crianças. Curr. Opin. Pediatr. 18(l):64-70.

Lekkou, A.; **Karakantz, M. e Mouzaki,** A. (2004). Produção de citocinas e expressão de HLA-DR em monócitos como indicadores de resultados em doentes com infecções graves adquiridas na comunidade. Clin. Diagn. Lab. Immunol. **11:** 161-167.

LeVan, T.D.; Bloom, J.W.; Bailey, T.J.; et. al. (2001). Um polimorfismo comum de nucleótido único no promotor do CD 14 diminui a afinidade da ligação à proteína Sp e aumenta a atividade transcricional. J. Immunol. **167:** 5834-5844.

Levent, F.; Baker, C.J.; Rench, M.A. e Edwards, M.S. (2010). Resultados precoces da meningite estreptocócica do grupo B no século XXI. Pediatr. Infect. Dis. J. 29:1009-12; PMID:20555292

Levy, O. (2007) Innate immunity of the newborn: basic mechanisms and clinical correlates. Nat. Rev. Immunol.7: 379-90.

Lewis, B. e Wilson, B. (2001) Developmental immunology and role of host defenses in fetal and neonatal susceptibility to infection. *In:* Remington J.S., Klein J.O., Infectious diseases of the fetus and newborn infant, 5th ed., Philadelphia. Philadelphia: WB Saunders, Pp:25-138.

Li, Z.; Xiao, Z.; Li, Z.; et. al. (2013). 116 casos de sepse neonatal de início precoce ou tardio: Uma análise retrospetiva de um único centro sobre a distribuição de espécies de bactérias patogénicas e a suscetibilidade antimicrobiana. Int. J. Clin. Exp. Med. 6(8):693-699.

Libster, R.; Edwards, K.M.; Levent, F.; Edwards, M.S.; Rench ,M.A et. al. (2012) Long-term outcomes of group B streptococcal meningitis. Pediatrics. 130:e8-15.

Lin, F.; Weisman, L.; Troendle, J. e Adams, K. (2003). A prematuridade é o principal fator de risco para a doença do Streptococcus do Grupo B de início tardio. J. Infect. Dis., **188(2),** 267-271.

Linda, B. (2002). Neonatal sepsis, the scientific basis for practice. Rede Neonatal;10:40-45.

Lorens, J.B.; Bennett, M.K.; Pearsall, D.M.; Throndset, W.R.; et. al. (2000). Entrega retroviral de moduladores peptídicos de funções celulares. Molecular Therapy; 1: 438.

Lowy,F. (2003).Resistência antimicrobiana - o exemplo de Staphylococcus aureus. J. Clin. Inv., **111(9):** 1265-1273.

MacFaddin, J.F. (2000). Testes bioquímicos para identificação de bactérias médicas. 3rd.edn. Williams and Wilkins- Baltimor, EUA.

Mackie e McCartney (2007). Practical Medical Microbiology, 14ª ed., Nova Deli. Nova Deli: publicação da Elsevier.

Mahmoud, F. M.; Nebal, M.D.; Rania, A.H. e Nancy, M. (2014).

Avaliação da deteção do cd64 nos neutrófilos e do tlr-2 nos monócitos por citometria de fluxo como marcadores para o diagnóstico precoce da sépsis neonatal. Jornal Internacional de Investigação Avançada; 2: 7, 1235-1247

Maiwald, M. (2004).Broad-range PCR for the detection and identification of bacteria. Molecular microbiology: diagnostic principles and practice. 2ª ed. Washin-gton **DC:** Sociedade Americana de Microbiologia; **379-90.**

Malek, A. (2003). Modelos de placenta humana ex vivo: transporte de imunoglobulina G e suas subclasses. Vaccine .21:3362-4.

Manzano, S.; Bailey, B.; Gervaix, A. et. al. (2011). Marcadores de infeção bacteriana em crianças com febre sem fonte. Arch. Dis. Child. 96:440-6.

Mao, X.; Fujiwara, Y.;Chapdelaine ,A.; Yang, H. e Orkin, S.H. (2001).Ativação da expressão de EGFP por excisão mediada por Cre numa nova estirpe de ratinho repórter ROSA26. Sangue; 97: 324.

Klein,W.; Tromm, A.; Griga, T. et al. (2003). Interação de polimorfismos nos genes CARD15 e CD14 em doentes com doença de Crohn. S.cand. J. Gastroenterol, **38:** 834-836.

Zhao, L. e Bracken, M.B.(2011). Associação do CD 14 -260 (-159)C>T e asma: uma revisão sistemática e meta-análise. BMC Med. Genet, **12: 93.**

Leung, T.F.; Tang, N.L.; Wong, G.W. e Fok, T.F. (2005). CD14 e receptores tolllike: potencial contribuição de factores e mecanismos genéticos para a inflamação e a alergia. Curr. Drug Targets Inflamm .Allergy. ,4(2): 169-175.

Jeffrey,S.U. e Henri, R.F;(2006). Sepsis and related considerations :Pediatric Surgery Text book, 6th edition: Mosby ,Inc.

Jacque, B.; Stephan, K.; Smirnova ,1.; Kim, B.; Gilling, D. e Poltorak, A.(2006). Os ratinhos que expressam níveis elevados de CD 14 solúvel retêm o LPS na circulação e são resistentes à letalidade induzida pelo LPS. Eur. J. Immunol. 36:3007el6.

Marchant, E.; Boyce, G.; Sadarangani, M. et. al. (2013). Artigo de revisão Sepse neonatal devido a estafilococos coagulase-negativos.Hindawi Publishing Corporation Imunologia Clínica e do Desenvolvimento. Artigo ID 586076, 10 páginas.

Martin, A.C.; Laing, I.A.; Zhang, G.; Brennan, S. et. al. (2005).CD14 C- 159T e infeção precoce com pseudomonas qeruginosa em crianças com fibrose quística. Respiratory Research, **6:** 63-70.

Marzio,R.; Manuel, J. e Betz-Corradin ,S .(1999). CD69 e regulação da função imunitária.

Immunopharmacol Immunotoxicol **21:** 565-82.

McClure, E.M.; Goldenberg, R.L.; Brandes, N.; Darmstadt, G.L. and Wright, L.L. (2007).The use of chlorhexidine to reduce maternal and neonatal mortality and morbidity in low-resource settings. Int J. Gynaecol. Obstet. **97(2):** 89-94.

McFee, R. (2009) Nosocomial or hospital acquired infections, an overview. Dis. Mon. 55:422-438.

Medzhitov, R. e Janeway, JC. (2000). Imunidade inata. N. Engl J. Med. 343: 338.

Mehall, R.; Kite, A.;Gilliam, H. et. al.(2002). Os tubos de alimentação entérica são um reservatório de agentes patogénicos nosocomiais resistentes a antibióticos. J. Pediatr. Sur. 37:1011-1012 .

Melin, P. (2011).Doença neonatal por estreptococos do grupo B: da patogénese às estratégias de prevenção. Clin. Microbiol. Infect. 17(9): 1294-1303.

Mondal, S.; Dipanwita, R.; Bandyopadhyay, R. et. al. (2012).Neonatal sepsis: role of a battery of immunohematological tests in early diagnosis. International J. of Applied and Basic Medical Research; 2(l):43-47.

Moniri, R.; Mosayebi, Z.; Movahedian, M. et. al.(2006). Tendência crescente de resistência a medicamentos antimicrobianos em Pseudomonas aeruginosa causadora de septicemia.

Moore, D. (2004). Infecções nosocomiais em berçários de recém-nascidos e unidades de cuidados intensivos neonatais: In: Mayhall C.G., Hospital epidemiology and infection control. 3ª ed. Pa: Lippincott Williams & Wilkins, USA.Pp852-883.

Moore, K.J.; Andersson, L.P.; Ingalls, R.R. et. al. (2000). Respostas divergentes a LPS e bactérias em macrófagos murinos deficientes em CD14. J. Immunol. 165:4272 4280.

Muhammad, Z.; Ahmed, A.; Hayat. U. et. al. (2010).Neonatal sepsis:caustive bacteria and their resistance to antibiotics. J.Ayub. Med. Coll. Abbottabad. **22** (4): 33-36.

Mullany, L.C.; Darmstadt, G.L. e Tielsch, J.M. (2006 a). Safety and impact of chlorhexidine antisepsis interventions for improving neonatal health in developing countries (Segurança e impacto das intervenções de antissepsia com clorexidina para melhorar a saúde neonatal nos países em desenvolvimento). Pediatr. Infect. Pediatr. J. 25(8):665-75.

Mullany, L.C.; Darmstadt, G.L.; Khatry, S.K et. al. (2006b).Topical applications of chlorhexidine to the umbilical cord for prevention of omphalitis and neonatal mortality in southern Nepal: a communitybased, cluster-randomised trial. Lancet; 367(9514): 910-8.

Muller-Pebody, B.; Johnson, A.P.; Heath, P.T. et. al. (2011). Tratamento empírico da sépsis neonatal. As diretrizes actuais são adequadas? Arch. Dis. Child. Fetal Neonatal Ed. **96:** F4-8.

Murphy, K. e Weiner, J. (2012).Utilização de contagens de leucócitos na avaliação da sépsis neonatal de início precoce. Pediatr. Infect. Infect. J. 31:16-9.

Naher, B.S.; Mannan ,M.A.; Noor, K. e Shahiddullah ,M. (2011) Role of serum procalcitonin and C-reactive protein in the diagnosis of neonatal sepsis. Bangladesh Med. Res. Counc. Bull.37:40-6.

Naher, H. e Khamael, A. (2013).Sepsis Neonatal; As Causas Bacterianas e os Factores de Risco . Int. Res. J. Medical Sci.; 1(6): 19-22.

Neth, O.; Jack, D.L.; Dodds, A.W. et. al. (2000). A lectina de ligação à manose liga-se a uma série de microrganismos clinicamente relevantes e promove a deposição de complemento. Infect. Immun .68:688-93.

Ng ,P.C.; Li, G.;Chui, K.M.; Chu, W.C. et. al. (2004 a). O CD64 dos neutrófilos é um marcador de diagnóstico sensível para a infeção neonatal de início precoce. Pediatr. Res. 56:796-803.

Ng, P. e Lam, H. (2006).Marcadores de diagnóstico para a sépsis neonatal. Curr.Opin.Pediatr. **18(2):** 125-131..

Ng, P.C. (2004 b). Marcadores de diagnóstico de infeção em recém-nascidos. Arch.Dis. Child. Fetal Neonatal Ed. **89:** F229-35.

Ng, P.C.; Ang, I.L.; Chiu ,R.W. et. al. (2010). Biomarcadores de resposta do hospedeiro para o diagnóstico de septicemia tardia e enterocolite necrosante em bebés prematuros. J. Clin. Invest.l20:2989-3000.

Ng, P.C.; Li, K.; Wong, R.P.; Chui, K.M.; Wong, E. e Fok, T.F. (2002).Neutrophil CD64 expression: a sensitive diagnostic marker for late-onset nosocomial infection in very low birth weight infants. Pediatr. Res. 51:296-303.

Ng, P.C.; Li, K.; Wong, R.P. et. al. (2003). Proinflammatory and antiinflammatory cytokine responses in preterm infants with systemic infections. Arch. Dis. Child Fetal Neonatal Ed .88:F209-13.

Nnanna, II; Ehis, OJ; Sidiquo, II; Nnanna, IG e Adekunle, O. (2011). Procalcitonina sérica: deteção precoce de bacteremia e septicemia neonatal numa unidade de cuidados de saúde terciários. North. Am. J. Med. Sci. 3:157-60.

Nolan, A.; Weiden, M.; Kelly, A.; Hoshino, Y.; Hoshino, S.; Methyl, N. e Gold, J.A. (2008).CD40 e CD80/86 actuam sinergicamente para regular a inflamação e a mortalidade na sépsis polimicrobiana. Am. J. Respir.Crit.Care.Med. 177:301-308.

O'Grady, N.P.; Alexander, M.; Dellinger, E.P. et. al. (2002). Guidelines for the Prevention of Intravascular Catheter-Related Infections (Diretrizes para a prevenção de infecções relacionadas com cateteres intravasculares). Infect. Control Hosp. Epidemiol. 23(12): 759-769.

Obasanjo, O.; Wu, P.; Conlon, M. et. al. (2001).Um surto de sarna num hospital universitário - lições aprendidas. Infect. Cont. Hosp. Epid. 22(1): 138.

Ohlsson, A. e Shah, V.S. (2009). Intrapartum antibioticsfor known maternal Group B streptococcal colonizatio. Base de dados Cochrane Syst. Rev. 8;(3):CD007467.

Ozkan, H.; Koksal, N.; Cetinkaya, M. et. al. (2012). O polimorfismo do gene da lectina de ligação à manose sérica (MBL) e os baixos níveis de MBL estão associados à sepse e pneumonia neonatal. J. Perinatol .32:210-7.

Palmeira, P.; Quinello, C.; Silveira-Lessa, A.L. et. al.(2012). Transferência placentária de IgG em gestações saudáveis e patológicas. Clin. Dev. Immunol.2012:985646.

Pammi, M. e Brocklehurst ,P. (2011). Transfusões de granulócitos para recém-nascidos com sépsis confirmada ou suspeita e neutropenia. Base de dados Cochrane Syst Rev (10):CD003956.

Paolucci, M.; Londini, M.P. e Sambri, V. (2012). Como o microbiologista pode ajudar no diagnóstico da sepse neonatal. Int. J. Pediatr. 120139.

ParkJ.H.; Seung Hyun Lee, M.D.; Seung Taek Yu, M.D. e Yeon Kyun O.h. (2014). Procalcitonina sérica como marcador diagnóstico de sepse neonatal. J. Pediatr coreano .57(10):451-456

Perry, C.; Marshall, R. e Jones, E. (2001). Bacterial contamination of uniforms (Contaminação bacteriana de uniformes). J. Hosp. Infect. 48(3):238-41.

Philip, A. G. e Hewitt, J. R. (2000 a).Early diagnosis of neonatal sepsis. Pediatrics. **65** (5): 1036-1041.

Philip, A.G. e Mills, P.C. (2000 b). Use of C-reactive protein in minimizing antibiotic exposure: experience with infants initially admitted to a well-baby nursery. Pediatrics. **106:E4.**

Pittet, D. e Boyce, J.M. (2001). Higiene das mãos e cuidados a doentes: Pursuing the Semmelweis legacy. Lancet Infect. Dis. 1:9-20.

Pittet, D. e Donaldson, L. (2006). Clean Care is Safer Care: uma prioridade mundial. The Lancet. **366:** 1246-1247.

Polin ,R.; Parravicini, E. e Regan ,J. (2005). Sepse bacteriana e meningite. *In:* Doença de Avery do Novo Bom, 8ª ed., Pp. 551-570.

Profit, J.; Petersen, L.; McCormick, M. et. al. (2010). Patient to Nurse Ratios and Outcomes of Moderately Preterm Infants (Rácios de Paciente para Enfermeiro e Resultados de Bebés Moderadamente Prematuros). Pediatr. 125(2): 320326.

Qazi, S.A. e Stoll, B.J. (2009). Neonatal sepsis: a major global public health challenge. Pediatr. Infect. Pediatr. J. **28(1** Suppl):Sl-S2.

Resch, B.; Gusenleitner ,W. and Muller ,W.D. (2003).Procalcitonin and interleukin-6 in the diagnosis of early-onset sepsis of the neonate. Ata. Paediatr .92:243-5.

Richard, E. M.B.; Robert, M.; Kliegman, Md.; Hal, B. e Jenson, Md. (2004). Infecções editoriais do recém-nascido neonatal. *In:* Nelson textbook of Paediatrics. 17ª ed, Saunders. Pp. 624-640

Roncarati, R.; Sestan, N.; Scheinfeld, M.H.; Berechid, B.E. et. al. (2002). O domínio intracelular gerado pela a-secretase da proteína precursora do P-amiloide liga-se ao Numb e inibe a sinalização Notch. PNAS. **99:** 7102.

Rosen, E.D.; Husi, C.; Wang, X.; Sakai, S. et. al. (2002) C/EBPa induces adipogenesis through PPAR: a unified pathway. Genes & Develop; **16,** 22.

Saiful Islam, M.d.; Debatosh, P.; Chandon, K. R.; Quddusur, R. et. al. (2014).Avaliação do cd64 de neutrófilos como marcador no diagnóstico de sépsis neonatal. Investigação académica europeia; **2:** 7, 9290- 9305.

Sakha, K.; Husseini, M.B. e Seyyedsadri, N.(2008). O papel da procalcitonina no diagnóstico da sépsis neonatal e a correlação entre a procalcitonina e a proteína C-reactiva nestes doentes. Pak. J.Biol. Sci.ll: 1785-90.

Sankar, JM.; Agarwal, R.; Deorari, A.K. e Paul, V.K. (2008). Sepsis in the newborn. Indian J. Pediatr. 75: 261-6.

Sarkar, S., Bhagat, I. e DeCristofaro, J.D. (2006).A study of the role of multiple site blood culture in the evaluation of neonatal sepsis. J. Perinatal. 26: 18-22.

Scheinfeld, M.H.;Roncarati, R.;Vito, P.; Lopez, P.A.; Abdallah, M. and D'Adamio, L. (2002). Jun NH2-terminal kinase (JNK) interacting protein 1 (JIP1) binds the cytoplasmic domain of the Alzheimer's 0- amyloid precursor protein (APP). J. Biol. Chern. 277: 3767.

Schelonka, R.L.; Maheshwari, A.; Carlo ,W.A. et. al.(2011). Citocinas de células T e o risco de infeção da corrente sanguínea em bebés com peso extremamente baixo à nascença. Cytokine;53: 249-55.

Schrag, S.J; Zell ,E.R. and Lynfield, R. (2002).Apopulation-based comparison of strategies to prevent early-onset group B streptococcal disease in neonate. N. Engl. J. Med.347:233-9.

Shah, A.; Mulla, S. and Revdiwala, S. (2012).Neonatal sepsis: High antibiotic resistance of bacterial pathogens in a Neonatal Intensive Care Unit in a Tertiary care hospital. Journal of Clinical Neonatology. l(2):72-75.

Shao, J.; Huang, X.W.; Sun, M.Y.; Du, L.Z.;Tang, Y.M. e Le, Y.L. (2005). Expressão do CD64 de neutrófilos do sangue periférico na septicemia neonatal. Zhonghua Er. Ke. Za. Zhi. 43:510-513.

Shapiro, H.M. (2003). Practical flow cytometry. 4.ª ed. Nova Iorque: Wiley-Liss.

Sharaf, T. M.; A.; Howida, H. E. e Sara, H. A. (2010).Análise do Polimorfismo de Nucleótido Único (SNP) na Região Flanqueadora do Gene CD14 (C-159t) em Relação à Sépsis Neonatal no Egito. Jornal Egípcio de CHEST . **59** :3:124-130.

Sharma, M.; Yadav, S. e Chaudhary, U. (2009). Acinetobacter spp como agente patogénico emergente na septicemia neonatal . Indian J. of Pediatr. **76:861.**

Shimada, K.; Watanabe, Y.; Mokuno, H.; Daida H. e Yamaguchi, H. (2000).Polimorfismo comum no promotor do gene do recetor de monócitos CD 14 está associado ao enfarte agudo do miocárdio em homens japoneses. Am. J. Cardiol **.86:** 682.

Siegrist, C.A.;(2003):" Mechanisms by which maternal antibodies influence infant vaccine responses: review of hypotheses and definition of maindeter-minants". Vaccine. ;21(24):3406-12.

Sivanandan, S.; Soraisham, A.S.; e Swarnam, K.; (2011):" Choice and duration of antimicrobial therapy for neonatal sepsis ad meningitis". Int. J. Pediatr. **;2011:** 712150.

Sohn, A.H.; Garrett, D.O.; Sinkowitz-Cochran, R.L. et. al. (2001. Prevalência de infecções nosocomiais em unidades de cuidados intensivos neonatais doentes: resultados do primeiro inquérito nacional de prevalência pontual. J. Pediatr. 139:821-827.

Soni, S.; Wadhwa, N.;Kumar, R. et. al. (2013). Avaliação da expressão de CD64 em neutrófilos como um indicador precoce de sepse neonatal. Pediatr. Infect. Dis. J. **32:** e33-37.

Sortie, DJI. (1995). Bioestatística médica e epidemiologia: Examination and Board review. Primeira edição, 1995, Norwalk, Connecticut, Appleton and Lange: 47-88.

Steenbergen, J.N.; Alder, J.; Thorne, G.M. e Tally, F.P. (2005). Daptomicina: um antibiótico lipopéptido para o tratamento de infecções Gram-positivas graves. J. Antimicrob. Chemother. 55 (3):283-8.

Stefanovic, I. (2011). Sepsis neonatal. Biochemia. Medica. 21(3):276-281.

Stocker, M.; Hop, W.C. e van Rossum, A.M. (2010). Estudo de Intervenção Neonatal sobre Procalcitonina (NeoPInS): Effect of Procalcitonin- guided decision making on duration of antibiotic therapy in suspected neonatal early-onset sepsis. A multi-center randomized superiority and non-inferiority Intervention Study. BMC .Pediatr. Dec. **8:** 10:89.

Stoll, B. J.; Hansen, N. I.; Higgins, R. D. et. al. (2005). Bebés pré-termo de muito baixo peso à nascença com sépsis neonatal de início precoce, a predominância de infecções por Gram-negativos continua no Instituto Nacional de Saúde Infantil e Rede de Investigação Neonatal de Desenvolvimento Humano, 20022003, Pediatric Infectious Disease Journal. **24,** 7, Pp. 635-639.

Stoll, B. J. e Shane, A.L. (2016). Infeção em recém-nascidos neonatais,In: Nelson Textbook of Pediaterics, Kliegman,R.M. 20th ed Philadelphia and Saunders,USA. Pp.909-925.

Stoll, B. (2007).Infeção em recém-nascidos neonatais, /n:Nelson Textbook of Pediaterics, Kliegman,R.M. 18th ed Philadelphia and Saunders,USA. Pp.794-811.

Stoll, B.J.; Hansen, N.; Fanaroff, A. et. al. (2002 a).Changes in pathogens causing early onset sepsis in very low birth weight infants. N. Engl. J. Med. 347:240-247.

Stoll, B.J.; Hansen, N.; Fanaroff, A.A. et. al.(2002 b). Sepsis de início tardio em bebés de muito baixo peso à nascença. A experiência da Rede de Investigação Neonatal do NICHD. Pediatrics. **110:** 285-91.

Stoll, B.J.; Hansen, N.I.; Sanchez, P.J. et. al. (2011). Sepse neonatal de início precoce. O peso da doença causada pelo estreptococo do grupo B e pela E. coli continua. **127:** 817-26.

Stoll, B.J. (2011). Infeção do recém-nascido neonatal. *Em:* Kliegman RM, Stanton BF, St. Geme JW III, Schor NF, Behrman RE, editores. Nelson textbook of pediatrics. 19ª edição. Philadelphia: Elsevier Saunders, :629- 48.

Straka, M.; Dela, Cruz, W.; Blackmon, C . et. al. (2004): "Deteção rápida de estreptococos do grupo B e Escherichia coli em líquido amniótico usando PCR fluorescente em tempo real. Infect. Dis. Obstet. Gynecol. **12(3-** 4):109-14.

Strcimish, I.; **Bizzarro, M.; Northrup ,V. et. al. (2012).** Neutrófilo CD64 como marcador de diagnóstico na sepse neonatal . Pediatr. Infect. Dis. J . 31:77781.

Streimish, I.; **Bizzarro, M.; Northrup, V. et. al.** (2014).Neutrófilo CD64 com critérios hematológicos para diagnóstico de sepse neonatal .Am. J.Perinatol. 31(1): 21-30.

Su, D.; Zhang, X.; Sui, H.; Lu, F. et.al. (2008). Associação dos polimorfismos do gene ADAM33 com asma alérgica e rinite em adultos numa população chinesa Han. BMC Medical Genetics. 9(82): 1-6.

Sucilathangam, G.; Amuthavalli, K.; Velvizhi, G. et. al. (2012). Marcadores de diagnóstico precoce para sepse neonatal: comparação de procalcitonina e proteína C reativa. J. Clin. Diag. Res. 2 ;6(4):627-631.

Takahashi, N.;Kato ,H.; Imanishi, K. et. al. (2009). Alteração de células T específicas numa doença infecciosa neonatal emergente induzida por um superantigénio bacteriano. Microbiol. Immunol. 53:524-30.

Tamma, P.D. e Lee, C.K. (2009). Uso de colistina em crianças. Pediatr. Infect. Dis. J. 28(6):534-5.

Thaver, D.; Ali ,S. e Zaidi, A. (2009). Antimicrobial Resistance Among Neonatal Pathogens in Developing Countries [Resistência antimicrobiana entre agentes patogénicos neonatais em países em desenvolvimento]. Pediatr. Infect. Pediatr. J. **28-1** Suppl: S19-S21.

Tolar, J.; Hippen, K.L. e Blazar, B.R. (2009). Células reguladoras imunitárias no sangue do cordão umbilical: Células reguladoras T e células estromais mesenquimais. Br. J. Haematol.147: 200-6.

Toledano, H.; Schlesinger, Y.; Raveh, D. et. al. (2000). Vigilância prospetiva de enterococos resistentes à vancomicina numa unidade de cuidados intensivos neonatais. Eur. J. Clin. Mier., Infect. Dis. 19:282-287.

Tripathi, S. e Malik, G. (2010). Sepsis neonatal: passado, presente e futuro: um artigo de revisão. Internet. J. Med. Update. 5(2): 45-54.

Trotman,H, e Bell ,Y. (2006).Sepsis neonatal em bebés de muito baixo peso à nascença no hospital da Universidade das Índias Ocidentais. West Indian Med. J.55:165-9

Turner, D.; Hammerman, C.; Rudensky, B. et. al. (2006).The role of procalcitonin as a predictor of nosocomial sepsis in preterm infants. Ata .Paediatr. 95(12):1571-6.

Turunen, R.; Nupponen, I.; Siitonen, S.; Repo, H. e Andersson, S. (2006). O início da ventilação mecânica está associado à rápida ativação de fagócitos circulantes em bebés prematuros. Pediatrics. 117(2):448-54.

Underhill, DM. e Ozinsky, A. (2002).Toll-like receptors: key Mediators of microbe detection. Current opinion in Immunology. **14:** 103-110.

van den Berg, J.P.; Westerbeek, E.A.; van der Klis, F.R. et. al. (2011). Transporte transplacentário de anticorpos IgG para bebés prematuros: uma revisão da literatura. Early Hum. Dev.87:67-72.

Van Vugt, M.J. (1999). A cadeia de ligação do ligando Fc gama Ria (CD64) desencadeia a apresentação do antigénio de classe II do complexo de histocompatibilidade principal independentemente da sua cadeia gama FcR associada. Blood. **99:** 808-817.

Vandepitte,J. et. al. (2003). Procedimentos laboratoriais básicos em bacteriologia clínica . 2a ed. Genebra; OMS.

Vazzalwar, R.; Pina-Rodrigues, E.; Puppala, BL.; Angst, D.B. e Schweig, L. (2005). Procalcitonin as a screening test for late-onset sepsis in preterm, very low birth weight infants. J. Perinatol. 25:397-402.

Verani, J.R.; McGee, L. e Schrag, S.J. (2010). Prevenção da doença perinatal causada pelo Streptococcus do Grupo B: diretrizes revistas do CDC. MMWR. **59** (RR-10): 1-23.

Vergnano, S.; Sharland, M.; Kazembe ,P.; Mwansambo, C. e Heath, P.T. (2005). Neonatal sepsis: an international perspective, Arch. Dis. Child. Fetal Neonatal Ed. **90(3):** 220-224.

Vouloumanou, E.K.; Plessa, E.; Karageorgopoulos, D.E.; Mantadakis ,E. e Falagas, M.E. (2011). A procalcitonina sérica como marcador de diagnóstico da sépsis neonatal, uma revisão sistemática e meta-análise. Intensive Care Med. May. **37(5):**747-62.

Warren, S.; Tristram, S. e Bradbury, R. (2010). Sepsis materna e neonatal causada por Haemophilus influenzae tipo d. J. Med. Mier.; 59:370-372.

Weber, D. e Rutala, W. (2001). Lições de surtos associados à broncoscopia. Infect. Cont. Hosp. Epid. 22(7):403-8.

Weinberg, G.; D'Angio, C. e Wilson, C. (2006). Infectious Diseases of the Fetus and Newbom (6 ed). Philadelphia: Elsevier Saunders, Pp: 12071222.

Wendel, G.D. J.r.; Leveno, K.J. e Sanchez, P.J. (2002). Prevenção da doença estreptocócica do grupo B neonatal: um protocolo combinado intraparto e neonatal. Am. J. Obstet. Gynecol .186:618-26.

Weng, X.; Liu, Y.; Ma, J.; Wang, W.; Yang, G. e Caballero, B. (2006). Utilização do índice de massa corporal para identificar distúrbios metabólicos relacionados com a obesidade na população chinesa. Eur. J. Clin. Nutr. **60:** 931-7.

Wentzel, A.; Christmann, A.; Adams, T. e Kolmar, H. (2001). Apresentação de proteínas de passageiros na superfície de Escherichia coli K-12 pela E. coli enterohemorrágica Intimin EaeA. J. Bacteriol. **183:** 7273.

Weston, E.J.; Pondo, T.; Lewis, M.M. et. al. (2011). O peso da sepse neonatal invasiva de início precoce nos Estados Unidos, 2005-2008. Pediatr. Infect. Pediatr. J. 30:937-41.

OMS, (2003). Explore simplified antimicrobial regimens for the treatment of neonatal sepsis, Meeting (2002) report. Departamento de Saúde e Desenvolvimento da Criança e do Adolescente, OMS, Suíça, pl-13

OMS, (2014). OMS/UNICEF para a distribuição das causas de morte neonatal e de menores de cinco anos (publicado em Liu et al, Lancet 2014).

OMS, Relatório sobre a saúde no mundo (2005). Make every mother and child count. Genebra: OMS; p.2005

OMS, Estatísticas Mundiais de Saúde (2010). Organização Mundial de Saúde, 2010.

Wynn, J.; Cornell, T.; Wong, H. et. al. (2010). The Host Response to Sepsis and Developmental Impact (A Resposta do Hospedeiro à Sepse e o Impacto no Desenvolvimento). Pediatr. 125(5): 1031-1041.

Young, K.C.; Hyun, S.C.; Bum, S. e Hyeon, S.L. (2012).Comparação da precisão do CD64 de neutrófilos e da proteína C-reactiva como teste único para a deteção precoce da sépsis neonatal. Jornal Coreano de Pediatria, vol. 55(1), 11-17.

Zahedpasha, Y.; Ahmadpour-Kacho, M.; Hajiahmadi, M. e Haghshenas, M. (2009). Procalcitonin as a marker of neonatal sepsis. Iran J. Pediatr. 19:117-22.

Zaidi, A.K.; Huskins, W.C.; Thaver ,D. et.al., (2005).Hospital-acquired neonatal infections in developing countries. Lancet; 365(9465): 11751188.

Zaidi, A.K.; Thaver, D.; Ali, S.A. e Khan, T.A. (2009). Pathogens Associated With Sepsis in Newborns and Young Infants in Developing Countries [Patógenos associados à sepse em recém-nascidos e bebês jovens em países em desenvolvimento]. Pediatr. Infect. Dis. J. 28 (1 Suppl): 10-18.

Zaki, M.E.I.S. e Sayed, H.E.I. (2009). Avaliação dos parâmetros microbiológicos e hematológicos e da E-Selectina como preditores precoces do resultado da sépsis neonatal. Arch. Pathology Lab. Med. **133,** 12911296.

Zandvoort, A. e Timens, W. (2002). A dupla função da zona marginal esplénica: essencial para o início das respostas anti-TI-2, mas também vital na defesa geral de primeira linha contra antigénios transmitidos pelo sangue. Clin. Exp. Immunol. **130:4-11.**

Ziba,M.;Amir,H.M. e Reznan,M. (2003). Perfil da sépsis bacteriana em recém-nascidos de Kashan no Irão J. Infect. Dis. Antimicrob. Agents.20:97-102.

الخلاصة

تسمم الدم عند ديثي الولادة يعتبرمن اهم مشاكل الصة العالمية وذلك بسبب الامراضية ونسبة الوفيات المرتفعة . التشخيص السريري المبكر للمرض يعتبرمن اهم المشاكل - 378ه للا خظظا -=بسبب الاعراض السريرية الغير كافية . أجريت دراسة مقطعية (cross- suction study) على 75 طفل حديث الولادة والذين تظهر عليهم علامات الأنتان الدموي الذين تم رقودهم في وحدة العناية المركزة في مستشفى الأطفال والنسائية التعليمي بمدينة الديوانية ، تم تقسيم المرضى إلى مجموعتين اعتمادا على نتيجة الزرع الدموي وهي 30 طفل المجموعة الموجبة لزرع الدم و45 طفل المجموعة السالبة لزرع الدم و 75 طفل حديثي الولادة من الأصحاء كمجموعة تحكم وللفترة من آذار حتى تشرين الثاني 2015.

أجريت هذه الدراسة لتقييم القيمة التشخيصية ، لبعض العلامات المناعية مثل (البروكالسيتونين ، CD64 و CD69) وبعض فحوصات الدم ، في التشخيص المبكر عن الأنتان الدموي عند حديثي الـــــــولادة.

أظهرت الدراسة انخفاض معدل المزرعة الايجابية 30 (40%) بين حديثي الولادة المشكوك بهم الأنتان الدموي ، والذكور أكثر تأثرا من الإناث بين المصابين بالأنتان الدموي بنسبة 3:2 ، وأظهرت الدراسة أيضا أن الطفل الخديج وانخفاض وزن المواليد من العوامل الغير مرتبطة بخطر الاصابة بالأنتان الـــــــدموي.

أظهرت الدراسة ايضا ان اغلب حالات التسمم تمتلك بعض الاعراض والعلامات الغير متخصصة مثل ارتفاع درجات الحرارة ،اكثر من ثلثي الاطفال كانت تمتلك هذه العلامة . ايضا تسارع التنفس ، قلة الرضاعة وتسارع دقات القلب تاتي بالدرجة الثانية اقل من نصف الحالات تمتلك هذه الاعراض . كذلك الخمول .التقيؤ والحمى تاتي بالدرجة الثالثة أي اقل من ثلث الحالات تمتلك هذه الاعراض.

وأظهرت الدراسة أن معظم مسببات الأنتان الدموي هي الجراثيم الموجبة لصبغة الغرام مثل المكورات العنقودية الذهبية (50%) ،المكورات العنقودية الجلدية (30%)، اما الجراثيم السالبة لصبغة غرام مثل الكلبسيلة الرئوية (13.3%) والاشريكية القولونية (6.7%).

واستخدمت الدراسة خصائص الأداء من الاختبارات بما في ذلك الحساسية (sensitivity) والنوعية (specificity) والقيمة التنبؤية الإيجابية والقيمة التنبؤية السلبية positive and negative predictive value) واستقبال العاملة المميزة (Receiver-Operating Characteristic) (ROC) curves ، لتحديد عتبات تسمم الدم و للتميز بين الحالات المؤكدة والحالات المشكوك بها مقابل مجموعة الولدان الأصحاء.

وأظهرت الدراسة أن هناك نسبة كبيرة من حالات الأنتان الدموي يعانون من زيادة عدد الكريات البيض (36%. و 24.4%) لكل من حالات الموجبة والسالبة لزرع الدم وعلى التوالي مقارنة مع مجموعة الأصحاء (0%) .وكذلك هناك نسبة كبيرة من حالات الأنتان الدموي يعانون من انخفاض نسبة الخلايا المتعادلة(60% و 24.4%) لكل من حالات الموجبة والسالبة لزرع الدم وعلى التوالي مقارنة مع مجموعة الأصحاء (0%).

وقد أظهرت الدراسة وجود حساسية عالية في اختبار (PCT) حساسية (% 100) ، وخصوصية عالية (100%) والقيمة التنبؤية الايجابية (PPV) (% 100) والقيمة التنبؤية السلبية (NPV)(100%).

وقد وجد أن اختبار (CD64) يمتلك حساسية (96.7%) ، وخصوصية (100%) والقيمة التنبؤية الايجابية(PPV) (% 100) والقيمة التنبؤية السلبية (NPV) (99.6%).كذلك اختبار (CD69) يمتلك حساسية (86.7%) ، وخصوصية (93.3%) والقيمة التنبؤية الايجابية (PPV) (99.2%) والقيمة التنبؤية السلبية (NPV) (98.4%).

أظهرت الدراسة وجود ثلاث انماط جينية وهي (CC, TT وTC) للجين(CD14 (C-159T وكان النمط الجيني (TT) هو السائد في كلا من المجموعة الموجبة والسالبة لزرع الدم بنسبة (53.3% و 55.6%)على التوالي، وكذلك وجد ان النمط الجيني (CC) هو السائد في مجموعة الأصحاء بنسبة (56%).

اظهرت الدراسة وجود فارق احصائي معنوي عالي بين النسبة العالية النمط الجيني TT والنسبة الواطئة للنمط الجيني CC ، ($p<0.001$), OR= 13.14 and 95% CI (4.37–39.48)حيث وجد ان النمط TT يمثل عامل خطر للاصابة بالتسمم .

وزارة التعليم العالي
والبحث العلمي
جامعة القادسية
كلية الطب

بروكالسيتونين و التدفق الخلوي ل- CD64,CD69 للتشخيص المبكر لتسمم الدم الجرثومي في حديثي الولادة مقابل تردد

النمط الجيني لجين CD14

اطروحة مقدمة إلى
مجلس كلية الطب- جامعة القادسية
وهي جزء من متطلبات نيل درجة الدكتوراه فلسفة في علم الأحياء المجهرية الطبية

مقدمة من قبل
أوراس ماضي شهيد الطائي
بكالوريوس علوم أحياء مجهريه- الجامعة المستنصرية - 1998
ماجستير أحياء مجهرية طبية- جامعة الكوفة - 2008

بإشراف

أ. م. د. منال محمد كاظم
أ. م .د. نسمة ناجي الحجية

1438هـ
2016 م

MIX
Papier aus verantwortungsvollen Quellen
Paper from responsible sources
FSC® C105338

Printed by Books on Demand GmbH, Norderstedt / Germany